optics

光學設計達人
必修的九堂課

DESIGN NINE
COMPULSORY LESSONS
OF THE PAST MASTER IN OPTICS

黃忠偉　陳怡永　楊才賢　林宗彥 ◎著

五南圖書出版股份有限公司 印行

　　在廣像科技公司的陳茂金總經理與台達電子公司的劉國政副總經理的盛情邀約下，在西元1997年便接下了光學顧問的職務，在這十餘年的光學設計的職業生涯裡，我看到光學軟體有了相當長足的進步，尤其是在日新月異的電腦技術的推波助瀾下，非序列光追跡功能的成長尤其明顯，並直接嘉惠了研發工程人員在照明系統與集光系統方面的設計能力，這對台灣光電產業的升級與發展提供了一股巨大的力量。

　　光學專業設計軟體的種類繁多，在非序列光追跡功能方面的表現上亦各擅勝場，對我而言，往往需要藉由兩種或兩種以上的軟體的截長補短，才足以完成複雜的設計工作，我與打造FRED光學軟體的團隊領導者Michael Gauvin曾有數面之緣，他對光學設計軟體開發的熱愛與堅持令人佩服，依他們過去發展TracePro軟體的專業能力與經驗判斷，我相信FRED只要持續向前，一定有機會能打破現狀，成為一支獨秀的光學軟體。

　　我的老朋友——黃忠偉教授對台灣的光學模擬技術的教育推廣向來不遺餘力，此書是他在這方面努力的另一次成果的展現，書中針對FRED軟體基本功能的使用方式做了相當詳細的介紹，相信透過此書的內容，可以讓讀者對FRED光學軟體有更深一層的認識，進而利用該軟體完成重要的光學設計工作。

國立高雄應用科技大學 電機工程研究所 李孝貽 教授
2008年6月

第 7 章　進階設定範例　　　　　　　　　297

第 8 章　白光LED應用實例　　　　　　　339

第 9 章　手機背光模組設計實例　　　　375

第一章

馬克蘇托夫（Maksutov）望遠鏡系統設計範例

1.1 課程大綱

本章節的目的是讓使用者透過建立馬克蘇托夫望遠鏡系統,熟悉 FRED的使用介面。

- ·使用透鏡和反射鏡
- ·定義使用者的物件
- ·在不同的座標系定義元件的位置
- ·簡單光源的設定
- ·光線追跡
- ·光斑圖計算

1.2 系統架構圖和元件規格說明

馬克蘇托夫望遠鏡的系統架構圖,如圖1-1所示。

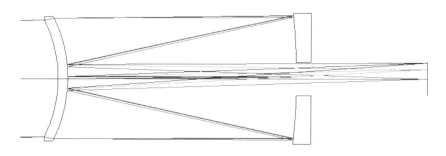

圖1-1 馬克蘇托夫望遠鏡系統

　　馬克蘇托夫望遠鏡系統的入瞳直徑為6英吋，F number（有效焦距與孔徑大小的比值）為15，如圖1-2所示。

Prescription					
Surface	Radius of curvature	Thickness to next surface	Glass	Outer semidiameter	Inner semidiameter
Object	infinity	1.00E+20	air		
1 (stop)	-6.583	0.52	Schott BK7	3	
2	-6.888	12.1	air	3.1	
3	-29.42	-12.0999	refl (air)	3.3	0.85
4	-6.888	19.115492	refl (air)	0.75	
5 (image)	infinity	-0.110184		0.85 x 0.85	
Operating conditions					
Units		inches			
Entrance pupil radius		3			
Wavelengths		0.656	0.587	0.486	microns
Y-angle		0	0.3	0.5	deg

圖1-2　馬克蘇托夫望遠鏡系統規格

1.3　光學系統建立流程

　　FRED光學分析軟體是一個具有3D實體顯示介面的光學模擬軟體，FRED的視窗主要包括主選單、快捷鍵、分析結果視窗、游標之座標顯示等等，如圖1-3所示。

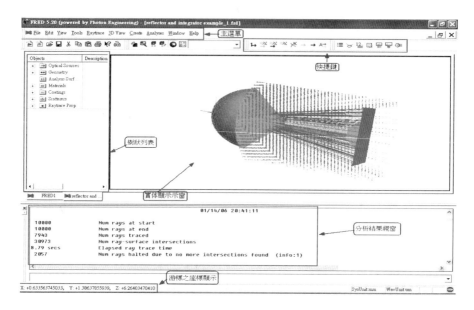

圖1-3　FRED光學分析軟體的操作介面

開啟一個新的FRED檔案由，主選單點擊 File→New→FRED Type，如圖1-4所示。

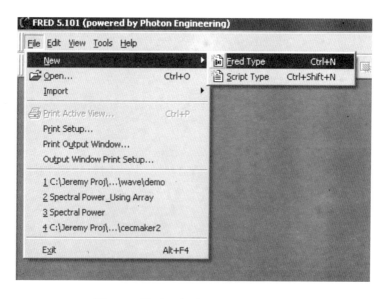

圖1-4　開啟一個新的FRED檔案

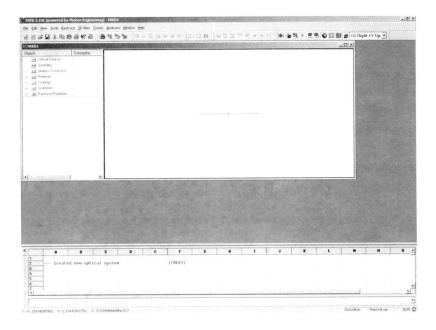

圖1-5　開啟新的FRED檔案

開啟新的FRED檔案之後，如圖1-5所示。

FRED的樹狀列表中可得知很多資訊，如光源設定、幾何模型、分析表面、材料特性、鍍膜特性、散射特性和光線追跡特性。

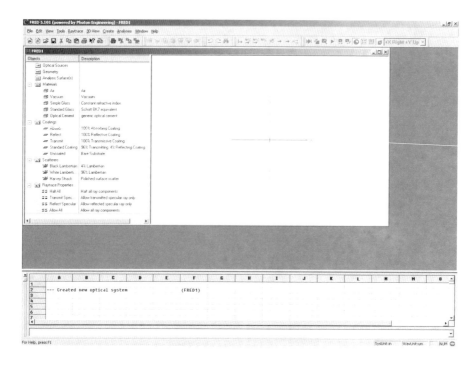

圖1-6　FRED的樹狀列表

　　FRED的喜好設定，選擇Tools→Preferences，如圖1-7所示。

　　使用者可以修改FRED的喜好設定，例如分析結果的視窗，由原本的三個修改為四個，如圖1-8所示。FRED也可以修改顯示的喜好設定，如圖1-9所示。

　　FRED的檔案註解，選擇Edit→General File Comment，如圖1-10所示。使用者可以在檔案註解的地方寫上備忘錄，如模擬的記錄和參數的設定（圖1-11），因此，當把檔案傳給另一個使用者使用時，可以讓另一個使用者快速的了解此檔案。

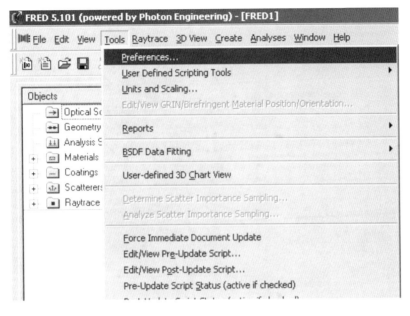

圖1-7　FRED的喜好設定

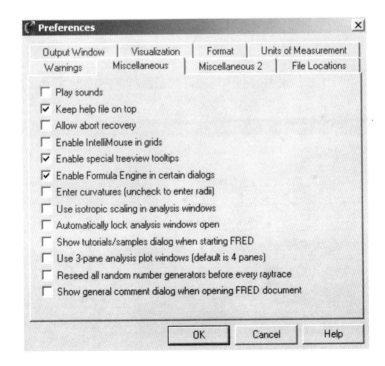

圖1-8　修改FRED的喜好設定

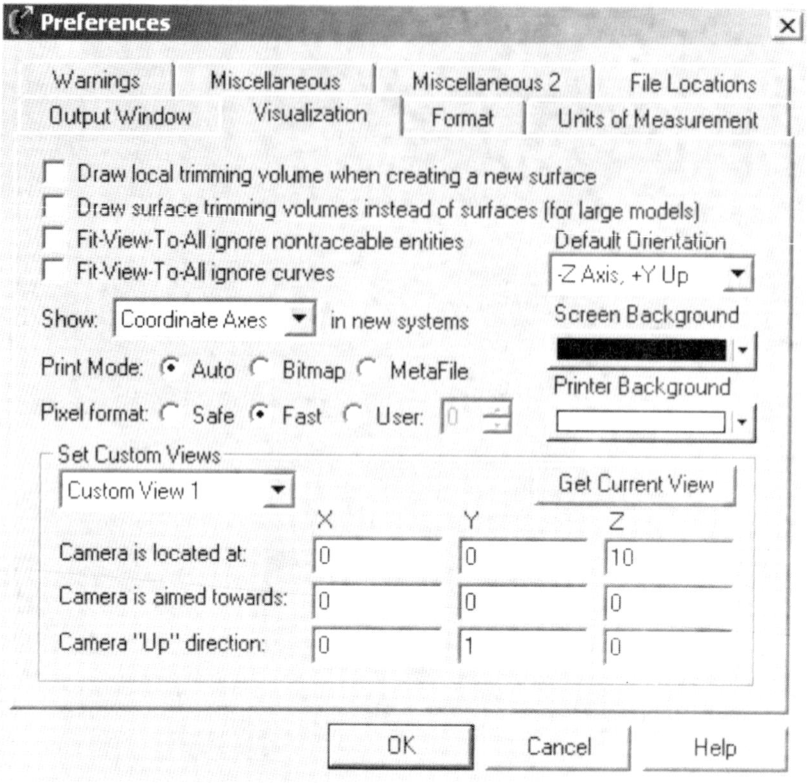

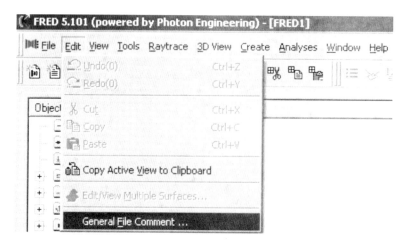

圖1-9　FRED也可以修改顯示的喜好設定

圖1-10　FRED的檔案註解

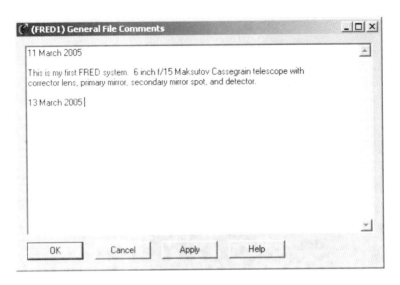

圖1-11　FRED的檔案註解

FRED的系統使用單位設定，選擇Tools→Units and Scaling，如圖1-12所示。

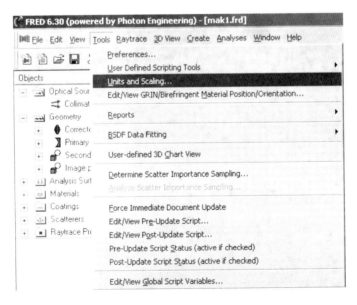

圖1-12　FRED的系統使用單位

FRED的系統預設使用單位是mm，使用者可將其改為英吋，如圖1-13所示。

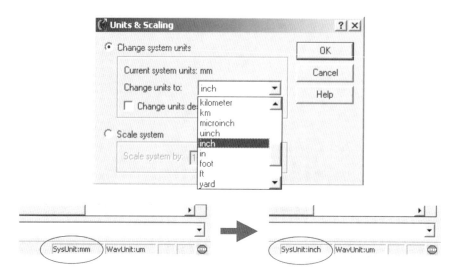

圖1-13　FRED的系統預設使用單位

下面FRED中建立一個Lens，使用滑鼠右鍵點選樹狀列表中的Geometry，會跳出一個選單，選擇Create New Lens，如圖1-14所示。

選擇Create New Lens之後，會出現如圖1-15視窗，請輸入Lens的參數，接著選擇Glass按鈕，將材料特性置換為Schott廠商的N-BK7，如圖1-16和1-17所示。

接著設定Lens的孔徑，選擇Advanced Settings按鈕，會出現一個Advanced Aperture的對話視窗，在Type of Edge的下拉式選單中，選擇Edge with front and back bevels（圖1-18），接著輸入新的Aperture的數值，如圖1-19所示。

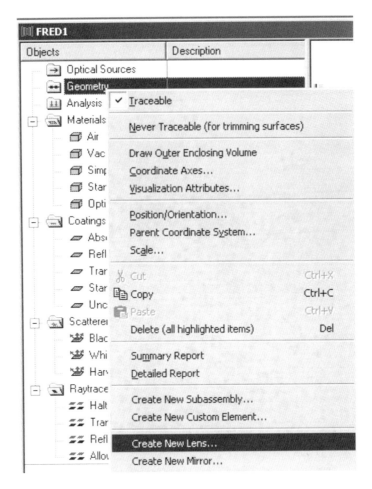

圖1-14　建立一個新的Lens

使用滑鼠左鍵，點選FRED的樹狀列表中的 ⊞ ⊟ 圖示，可以展開樹狀列表，如圖1-20所示。

使用滑鼠右鍵點選樹狀列表中的Geometry，會跳出一個選單，點選選單中的Create New Mirror，建立一個新的反射鏡（圖1-21），接著會跳出Create a New Mirror的對話框，輸入新的反射鏡的參數（圖1-22），完成之後，如圖1-23所示。

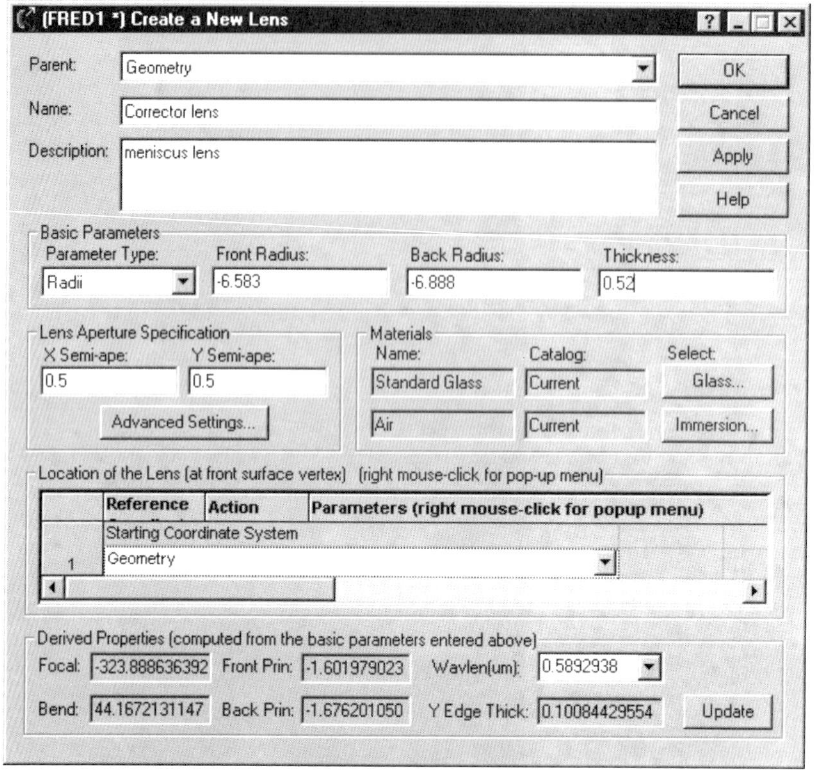

圖1-15　Lens的參數

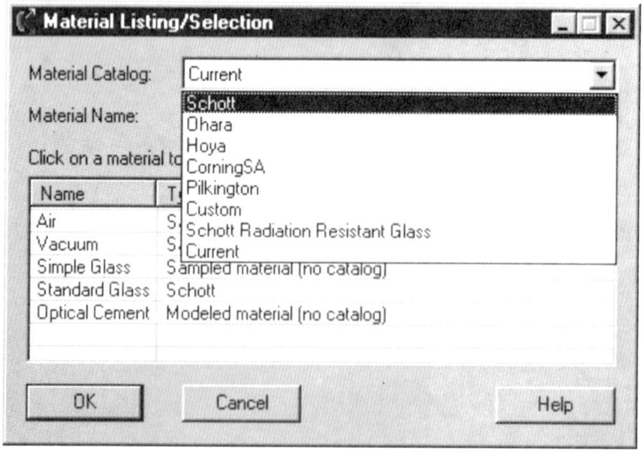

圖1-16　材料特性資料庫

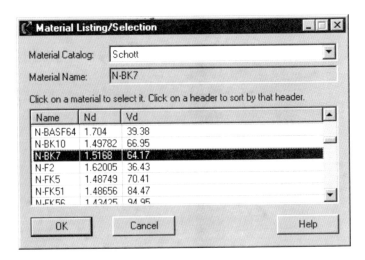

圖1-17　N-BK7材料

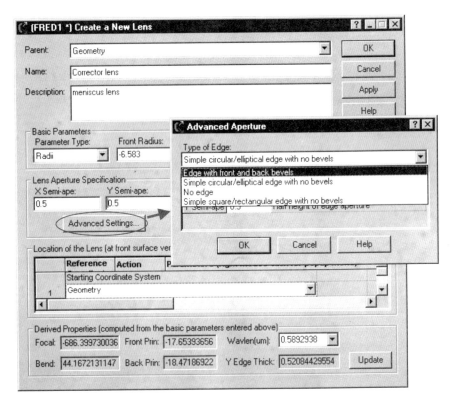

圖1-18　設定Lens的孔徑

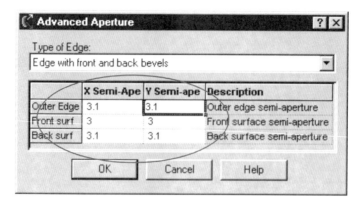

圖1-19　新的Aperture的數值

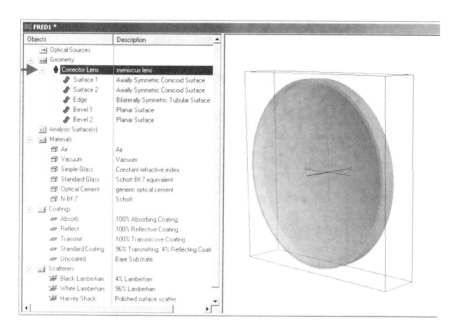

圖1-20　FRED的樹狀列表

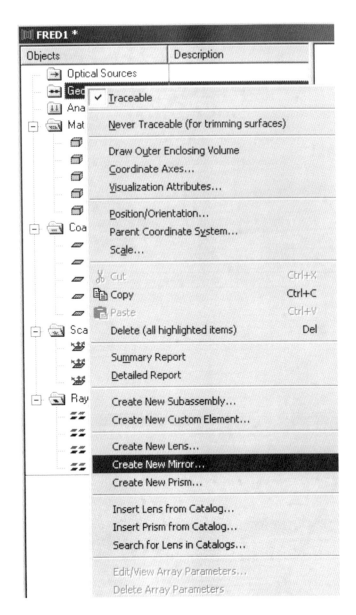

圖1-21　建立新的反射鏡

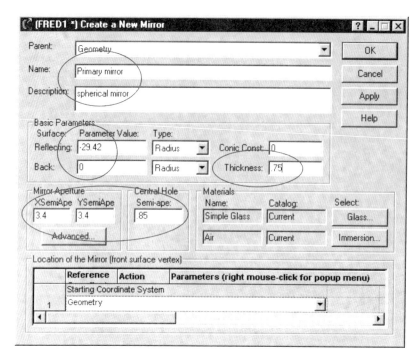

圖1-22　新的反射鏡的參數

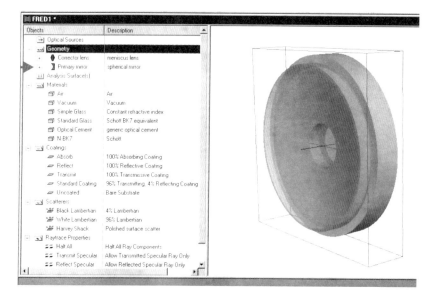

圖1-23　新的反射鏡

建立完新的反射鏡，發現其位置與上述建立的Lens位置重疊，表示新的反射鏡的位置不是使用者所需要的。因此，在圖1-23中的樹狀列表中，使用滑鼠右鍵點選Primary mirror，會跳出一個選單，選擇Position/Orientation（圖1-24），會出現一個新的對話視窗，並在Starting Coordinate System選擇Geometry.Corrector lens.Surface 2（圖1-25），在圖1-25的第一行的位置，使用滑鼠右鍵點選之後，會跳

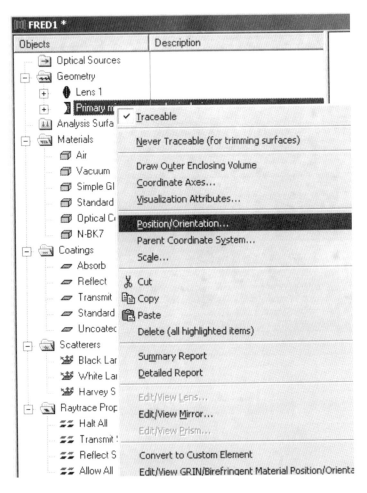

圖1-24　選擇Position/Orientation

出一個選單，選擇選單中的Append（圖1-26），則會出現第二行，在Action的欄位選擇Shift in Z direction（圖1-27），和在Parameters欄位輸入12.1之後，點選Apply，即可將反射鏡移動（圖1-28），其位置是在距Lens的第二個表面12.1的位置，如圖1-29所示。

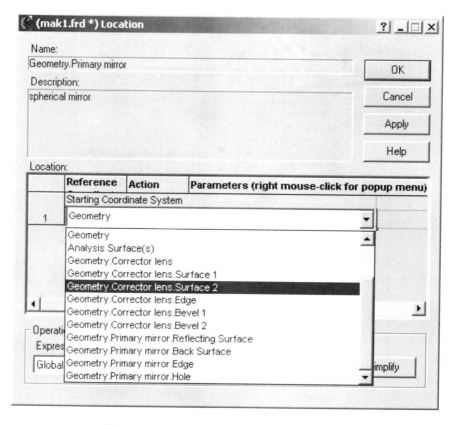

圖1-25　選擇Starting Coordinate System

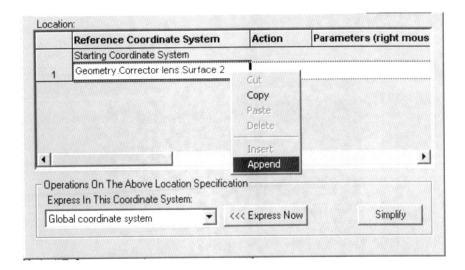

圖1-26　選擇Append

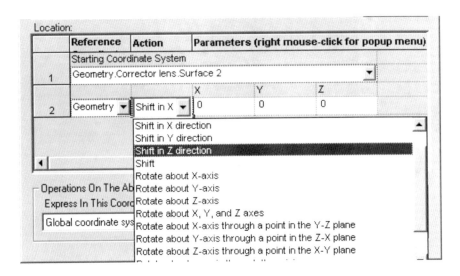

圖1-27　選擇Shift in Z direction

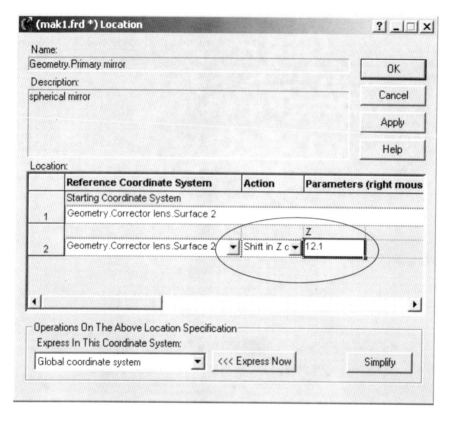

圖1-28　修改反射鏡位置

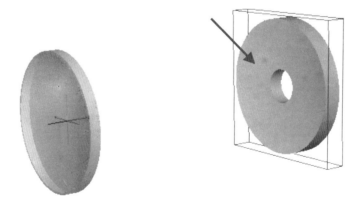

圖1-29　移動反射鏡完成圖

　　建立一個表面，當作反射反射鏡，首先需先建立一個Element，之後在這個Element上建立一個新的表面，賦予此表面一個反射的特性和移動到所需的位置。接下來，先使用滑鼠右鍵點選樹狀列表中的Geometry，此時會跳出一個選單，選擇Create New Custom Element建立一個新的Element（圖1-30），會出現一個新的對話視窗Create New Custom Element，輸入其Name和Description（圖1-31），完成之後，在Geometry會出現一個新的Secondary mirror的Element，如圖1-32所示。

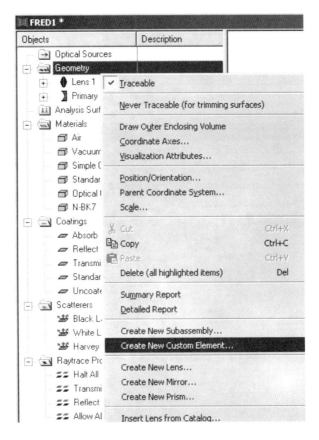

圖1-30　建立Element

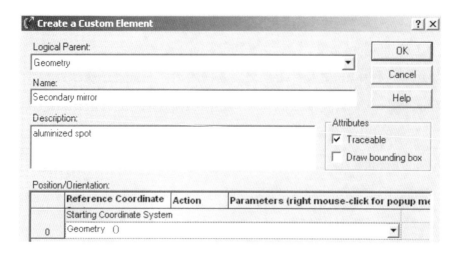

圖1-31　輸入Element名稱和描述

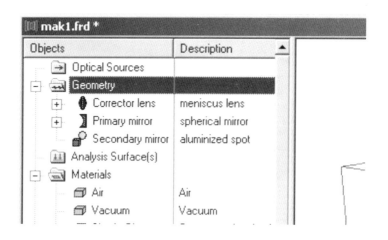

圖1-32　Secondary mirror element

　　接著會在上述建立的Element上建立一個表面，首先使用滑鼠右鍵點選Secondary mirror會跳出一個選單，選擇Create New Surface（圖1-33），接著會出現一個Create a New Surface as Child of : "Secondary mirror"對話視窗，如圖1-34所示。

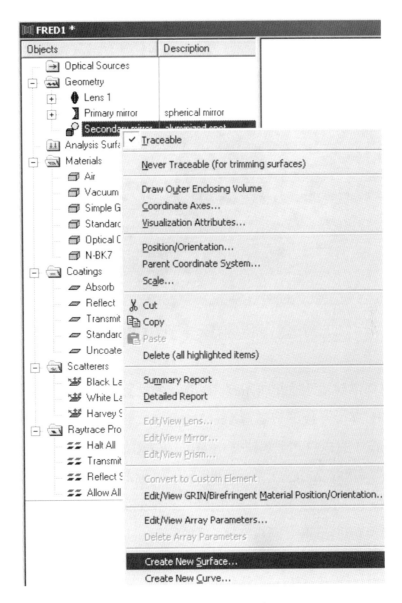

圖1-33　建立一個新的表面

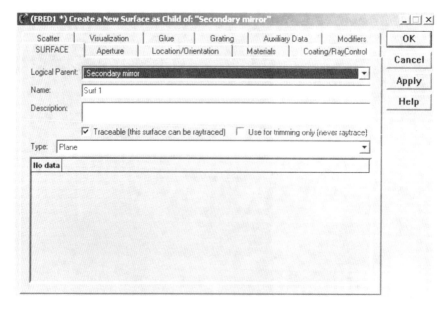

圖1-34　建立表面的對話視窗

　　選擇欲建立表面的Type為Conicoid（圖1-35），並輸入其參數（圖1-36），接下來點選Aperture選單改變表面的孔徑，最後點選Apply（圖1-37），再跳至Coating/RayControl選單之後，點選Reflect，再點選Assign，則套用此表面的Coating特性，接下來再套用Raytrace Control的特性，先點選Reflect Specular再同樣的選擇Assign鈕，最後點選Apply（圖1-38），切換到Visualization選單修改反射鏡的顯示顏色，選擇Silver顏色（圖1-39），點選Assign，套用反射鏡的顏色為Silver（圖1-40），完成之後，如圖1-41所示。

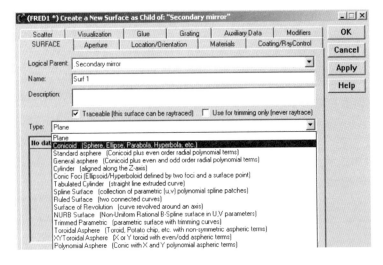

圖1-35 修改表面的型式

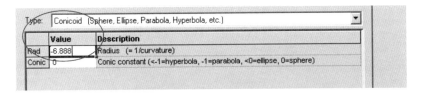

圖1-36 修改表面的半徑

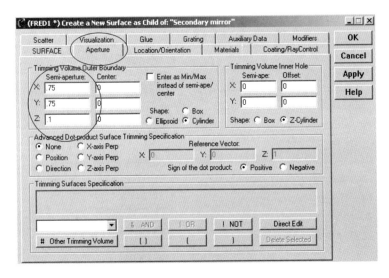

圖1-37 改變表面的孔徑

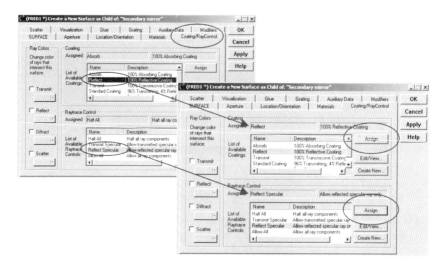

圖1-38　改變表面的特性

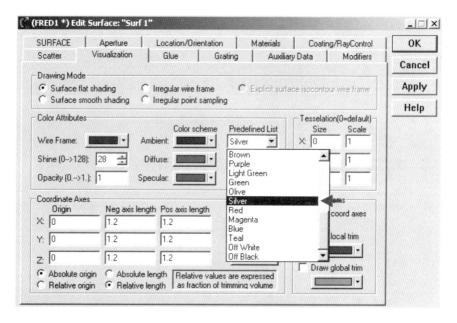

圖1-39　選擇表面的顏色

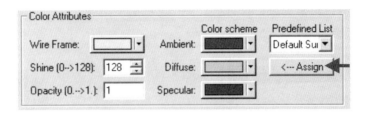

圖1-40　套用表面顏色

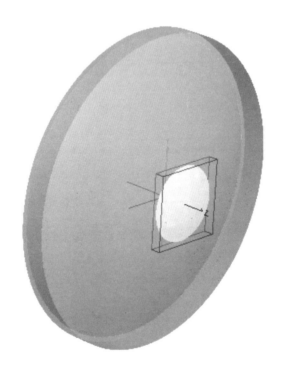

圖1-41　反射面

　　建立完反射面之後，此表面的預設位置是在原點，因此，接著是修改此反射鏡的位置。使用滑鼠右鍵點選Secondary mirror（圖1-42），會跳出一個選單，選擇Position/Orientation（圖1-43），其移動位置如圖1-44所示，完成之後，如圖1-45所示。

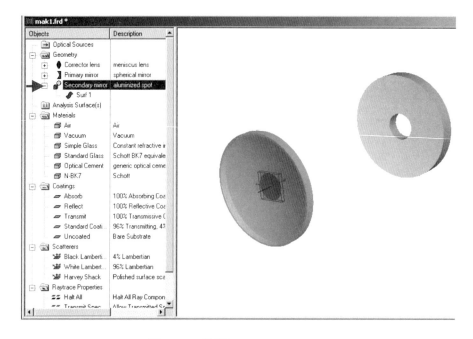

圖1-42　點選Secondary mirror

　　接著建立一個表面當作觀察面，首先，建立一個Element，如
圖1-46和1-47所示。建立完成之後，會在樹狀列表中增加一個Image
plane的Element（圖1-48），接著在此Element建立一個表面，使用
滑鼠右鍵，點選Image plane的Element，選擇Create New Surface（圖
1-49），並輸入此表面的參數，如圖1-50和1-51所示。

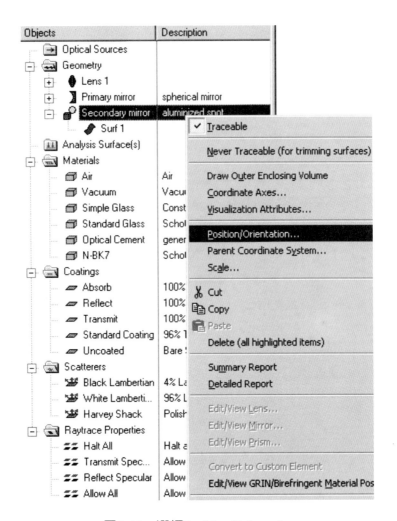

圖1-43　選擇Position/Orientation

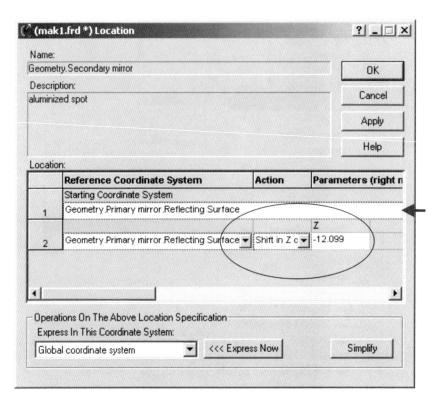

圖1-44　移動位置之參數

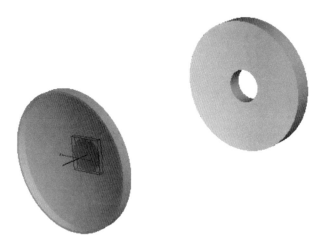

圖1-45　移動反射面完成圖

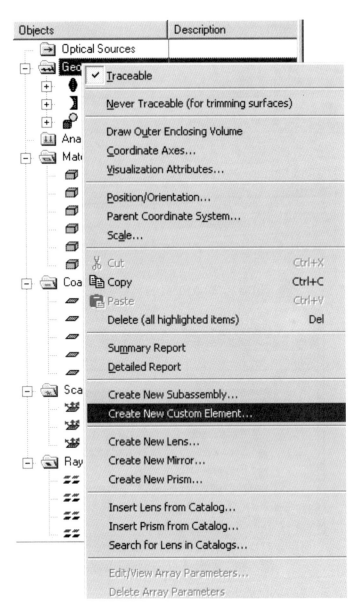

圖1-46　建立一個Element

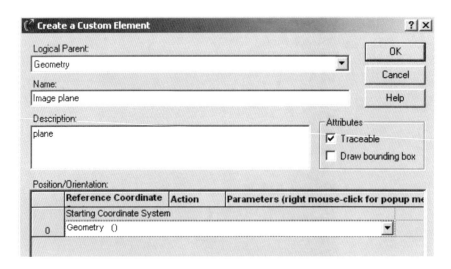

圖1-47　輸入Element名稱和描述

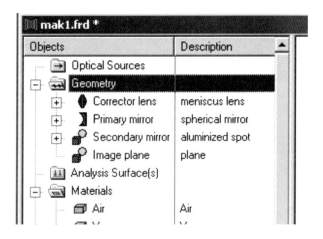

圖1-48　新增Image Plane Element

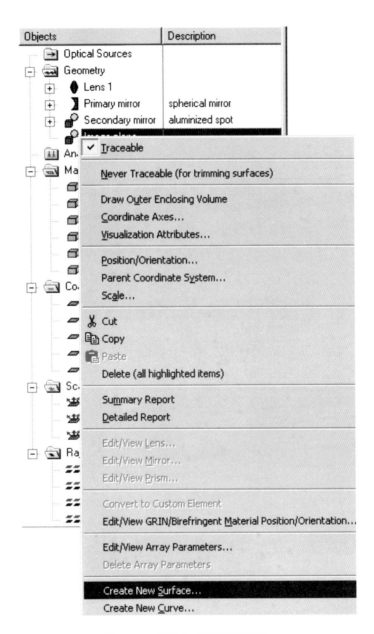

圖1-49 建立一個新的表面

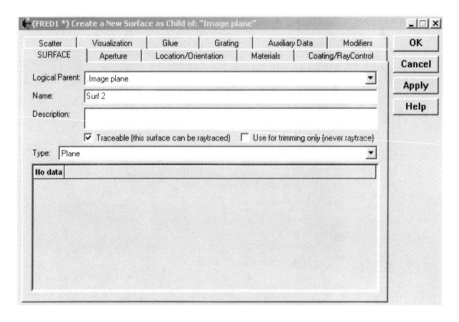

圖1-50　選擇表面的型式

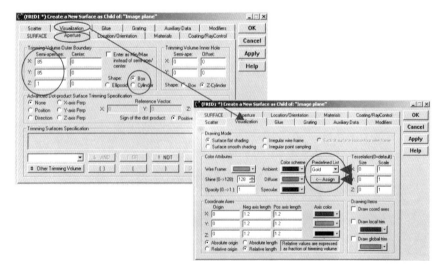

圖1-51　修改表面的顯示顏色

　　此表面的預設位置是在原點，因此需修改表面的位置，使用滑鼠右鍵，點選Image plane，會跳出一個選單，選擇Position/Orientation（圖1-52），其移動的位置，如圖1-53和1-54所示，到此模型已經全部建立完畢，其系統完成圖，如圖1-55所示。

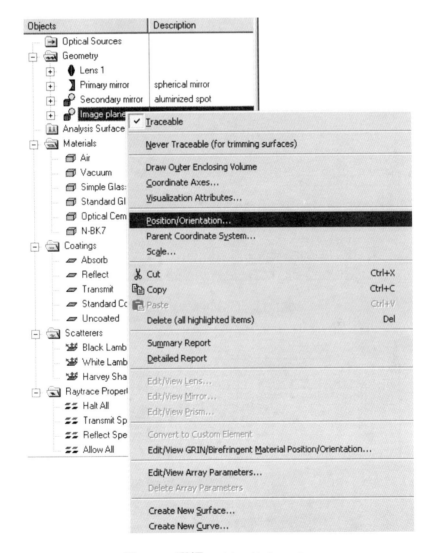

圖1-52　　選擇Position/Orientation

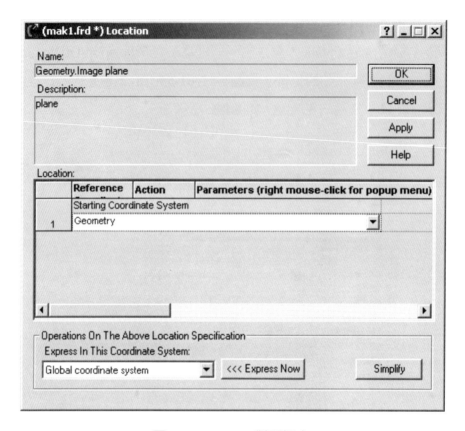

圖1-53　Location對話視窗

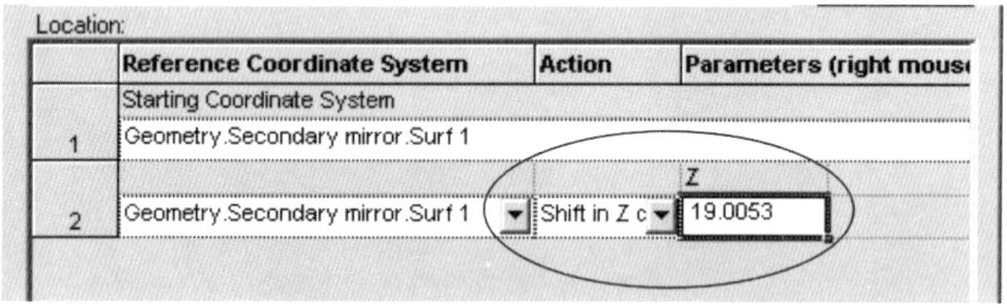

圖1-54　表面位置參數

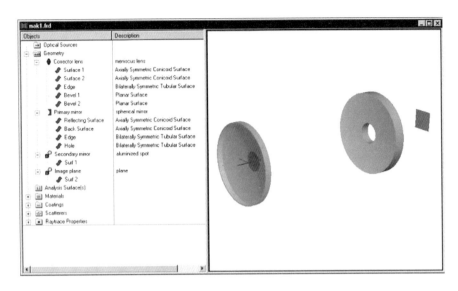

圖1-55　系統模型完成圖

在FRED中選擇Edit→Edit/View Multiple Surfaces可修改所有表面的材料特性（圖1-56），將每個表面的特性，修改如圖1-57所示。

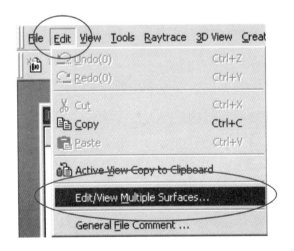

圖1-56　修改多個表面特性

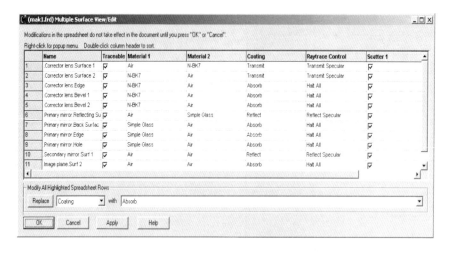

圖1-57　修改多個表面特性的對話視窗

　　設定FRED的簡單光源，首先，使用滑鼠右鍵點選樹狀列表
中的Optical Sources，會跳出一個選單，選擇選單中的Create New
Simplified Optical Source（圖1-58），會出現一個Edit Source的對話視
窗，修改簡單光源的參數（圖1-59），完成之後，會在樹狀列表中新
增一個Collimated beam光源，和在3D立體顯示視窗中，會產生一個
光源的圖示，如圖1-60所示。

　　在完成上述的模型建立、光學參數設定、建立光源和建立觀察表
面之後，接著就是進行光線追跡，選擇圖1-61中的箭頭所指的快捷圖
示，進行光線追跡，光線追跡完成之後，如圖1-61所示。

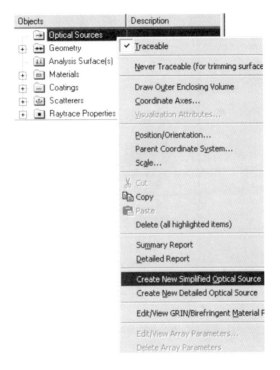

圖1-58　建立簡單光源

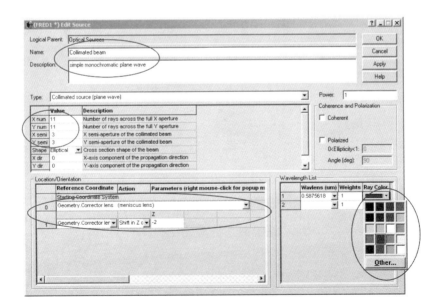

圖1-59　簡單光源參數

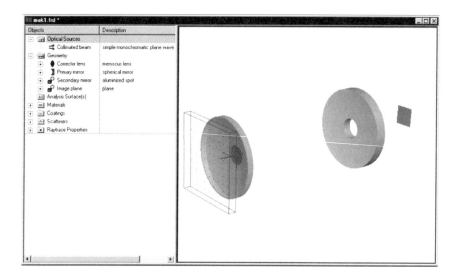

圖1-60　簡單光源

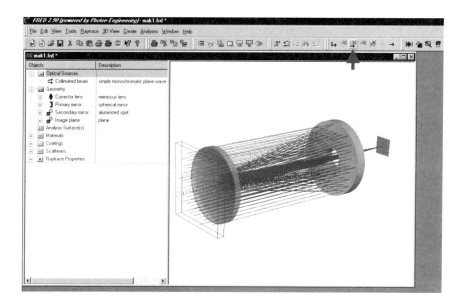

圖1-61　光線追跡

1.4　模擬結果分析

　　在FRED中要得到光斑圖、照度圖或光強度圖等等，除了要建立一個觀察表面之外，還需要建立一個分析表面Analysis Surface，因此，使用滑鼠右鍵選擇樹狀列表中的Analysis Surface(s)，會跳出一個選單，選擇選單中的New Analysis Surface（圖1-62），接著會出現Analysis Surface的對話視窗，輸入分析表面的名稱（圖1-63），修改

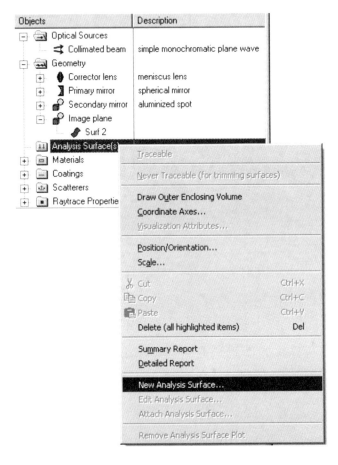

圖1-62　新增分析表面

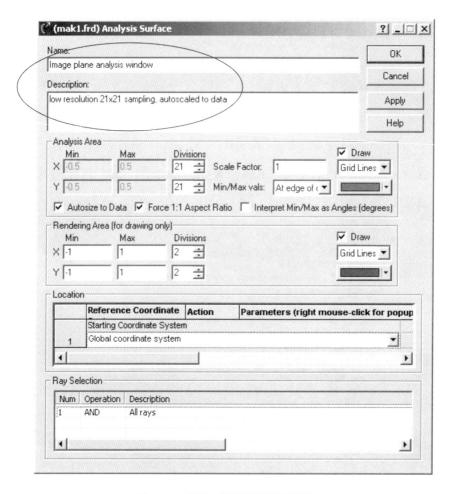

圖1-63　輸入分析表面的名稱

分析表面的位置在上述建立的觀察表面（圖1-64），並修改Ray
Selection的資訊，先使用滑鼠右鍵選擇第一行，選擇之後會跳出一
個選單，選擇選單中的Append（圖1-65），接著會出現Ray Selection
Criterion對話視窗，修改Criterion為Rays on the specified surface和
Surface Name為Geometry.Image plane.Surf 2，如圖1-66和1-67所示，
完成之後，如圖1-68所示。

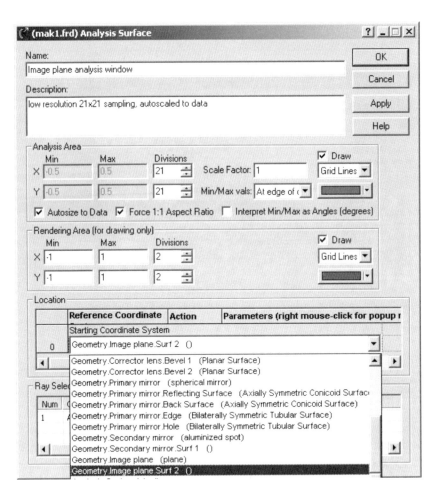

圖1-64 修改分析表面的Location

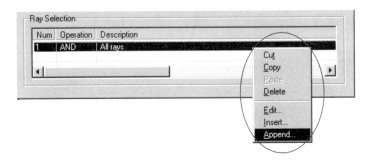

圖1-65 修改Ray Selection

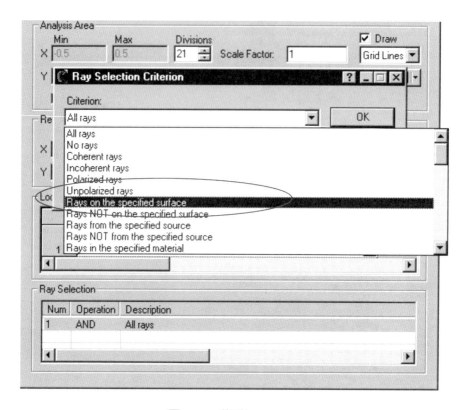

圖1-66　修改Criterion

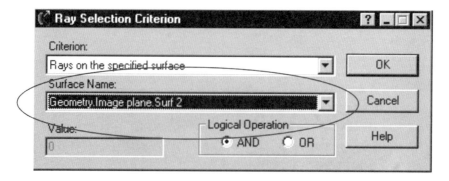

圖1-67　修改Surface Name

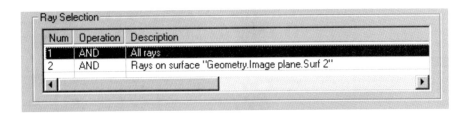

圖1-68　完成分析表面的Ray Selection設定

　　完成分析表面的設定之後，就可以觀看光斑圖，使用滑鼠左鍵點選圖1-69中的箭頭所指的快捷圖示，會出現Position Spot Diagram的對話視窗，是選擇觀看某一個分析表面上的光斑圖（圖1-70），再點選圖1-70的OK鈕，接著會出現光斑圖，如圖1-71所示。

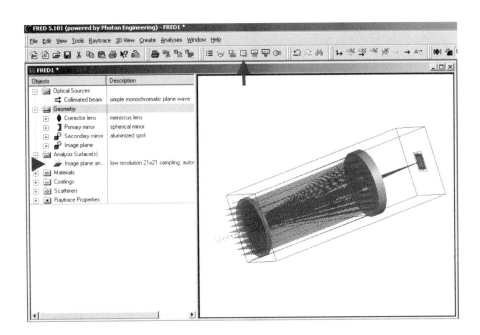

圖1-69　光斑圖快捷按鈕

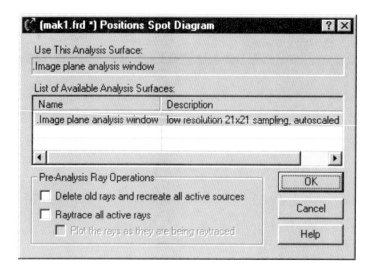

圖1-70　光斑圖的對話視窗

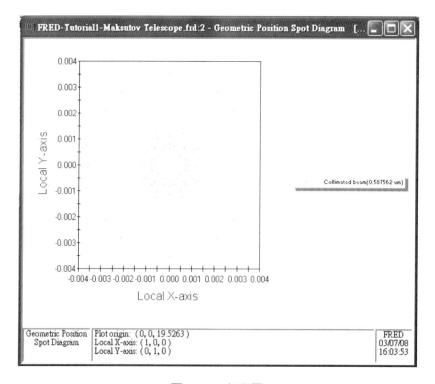

圖1-71　光斑圖

　　使用者可以修改光斑圖上顯示的斑點大小，使用滑鼠右鍵點選光斑圖中的任意位置之後，會跳出一個選單，選擇選單中的Chart Symbols（圖1-72），接著會出現Plot Symbol Settings的對話視窗，修改斑點的Shape為Dot，Size為3（圖1-73），完成之後，光斑圖中的斑點，變成較原先的斑點大的斑點，如圖1-74所示。

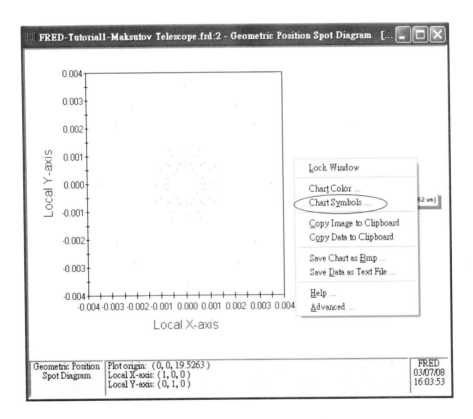

圖1-72　修改光斑圖顯示選單

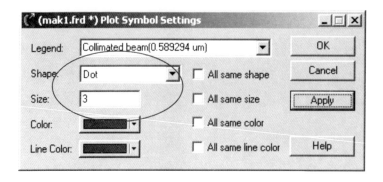

圖1-73　修改光斑圖的斑點型式

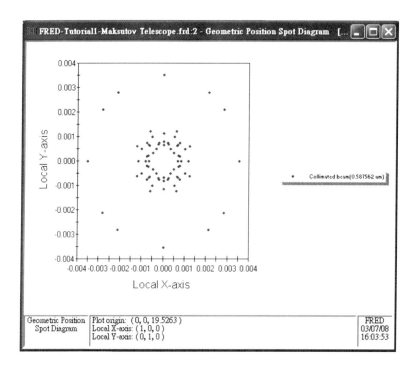

圖1-74　修改斑點型式後的光斑圖

第二章

反射罩與
積分柱範例

2.1　課程大綱

　　本章節的目的是如何操作FRED各項功能，並利用線段建立光學元件＜積分柱＞，以及進行光學照度分析、強度分析、光線路徑分析的操作與說明。

- ・建立新的 Custom Elements及橢圓反射罩
- ・建立由曲線定義的積分柱及觀察平面
- ・建立光源
- ・建立多重分析面
- ・光照度及光強度分析
- ・光線路徑分析

2.2　系統架構圖和元件規格說明

　　系統元件包括反射罩、積分柱、光源和接收面，如圖2-1所示。其元件的規格，如圖2-2所示。

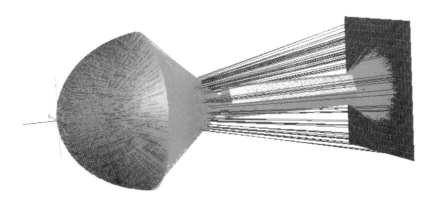

圖2-1　反射式照明系統

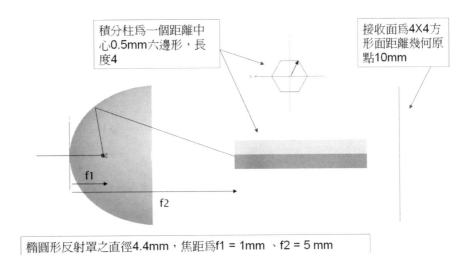

積分柱為一個距離中心0.5mm六邊形，長度4

接收面為4X4方形面距離幾何原點10mm

f1

f2

橢圓形反射罩之直徑4.4mm，焦距為f1 = 1mm 、f2 = 5 mm

圖2-2　系統規格與尺寸

2.3　光學系統建立流程

　　首先，開啟新的檔案，選擇File→New→Fred Type，如圖2-3和2-4所示，接著建立新的 Custom Elements及橢圓反射罩（圖2-5），而Custom Elements可以是由許多Curve及Surface集合成的物件，可以透過修改Custom Elements設定值對其中的所有元件進行移動、旋轉等指令。

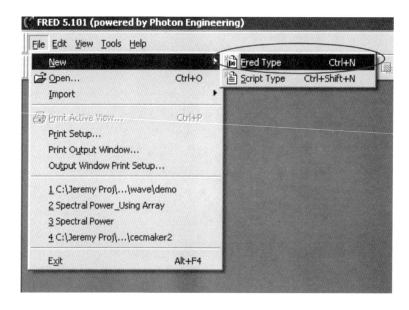

圖2-3　開啓一個新的 FRED檔案 .frs

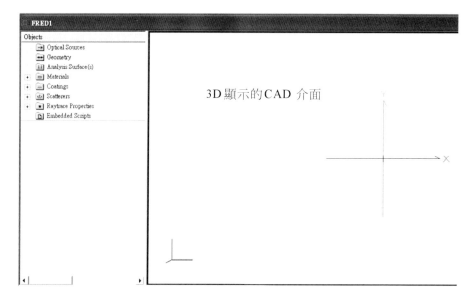

圖2-4　FRED新檔案介面

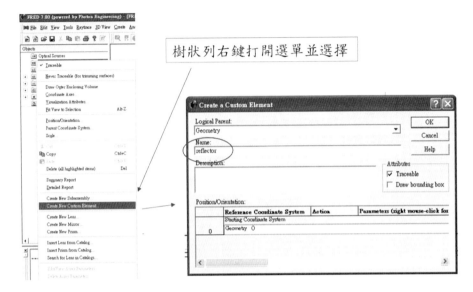

圖2-5　在樹狀列Geometry右鍵開啓選單並選擇Create New Custom Elements

　　在樹狀列剛剛建立reflector的Element滑鼠右鍵的彈出選單中，點選Create New Surface，並對reflector的表面的各項參數進行設定，如圖2-6所示。

　　點選Create New Surface後，會出現一個Create a New Surface as Child of: *reflector*的視窗介面，利用此介面可以對表面的各種參數進行設定，如最常用的＜表面型態＞、＜邊界範圍＞、＜位置＞、＜材質參數＞、＜表面特性參數＞……等等；在本案例中的要建立及具有反射特性的橢圓反射罩，選擇Conic Foci（圖2-7），並設定橢圓的焦點在1和5，如圖2-8所示。

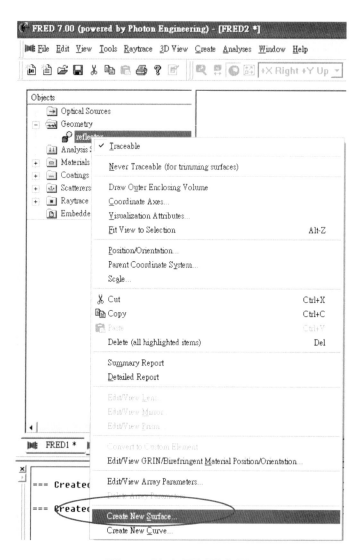

圖2-6　建立反射罩表面

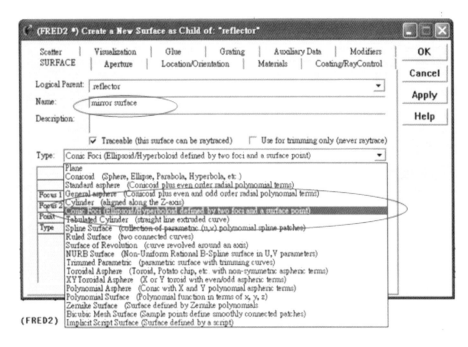

圖2-7　修改表面名稱及選擇表面類型為橢圓形表面

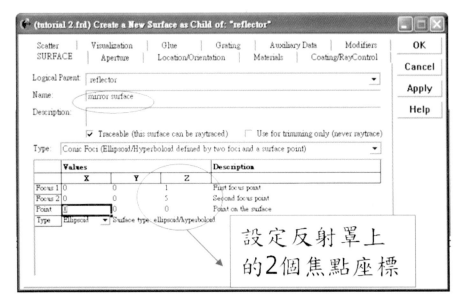

設定反射罩上
的2個焦點座標

圖2-8　修改表面名稱及參數

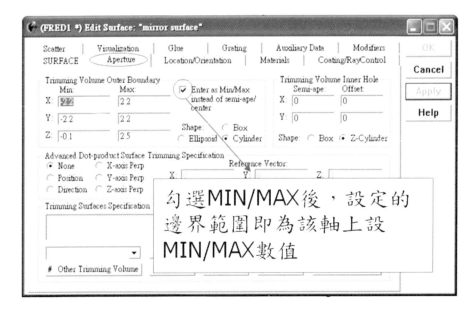

圖2-9　修改表面顯示邊界參數

　　設定表面邊界範圍，先勾選Enter as Min/Max形式並設定此表面的最大最小範圍，如圖2-9所示。

　　接下來修改此橢圓面的表面特性為反射，選擇Coating/RayControl分頁可以修改表面上的表面特性設定，及光線經過此表面後的動作，且可設定光線在經過不同的光學作用（穿透、反射、散射）後以不同的顏色表示，下圖中我們將表面特性設定為反射，表面光線控制也設定為允許反射光線追蹤，最後我們將光線經過此表面所反射的光線改為用綠色顯示，完成上述步驟後，不要忘了先按下Assign再按Apply鍵（圖2-10），即可在3D CAD介面看到所建立的橢圓反射罩，如圖2-11所示。

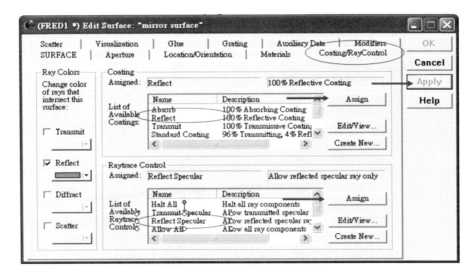

圖2-10　表面鏡面參數設定

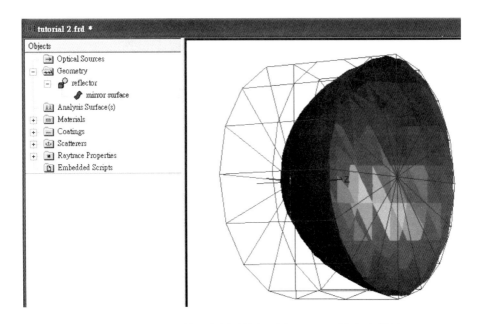

圖2-11　Apply之後可以在樹狀列表及CAD視窗中觀察

使用者在3D CAD介面中觀察反射罩看起來是以類似魚鱗狀微小表面所構成，會懷疑我們所建立的表面是否平滑，其實這只是在初始設定的顯示<單位表面>與物件的比例過於接近所造成的，此時我們可以透過修改表面顯示的視覺參數分頁來修改顯示的效果，如圖2-12和2-13所示。

在FRED的光學元件的建構上，擁有相當高的自由度，除了多種的表面型態提供使用者選擇外，使用者也可以自行定義線段（Curve），用這些線段構成需要的表面。因此，接著使用Segmented中的Generate Points的功能，建立一條正六邊形的線段（Curve），再透過此線段建立積分柱。首先，建立Integrator的Element，如圖2-14所示。

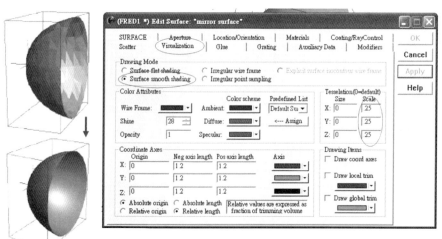

利用smooth功能得到畫面最佳效果

圖2-12　修改視覺參數＜單位表面 0.25＞，及勾選smooth功能

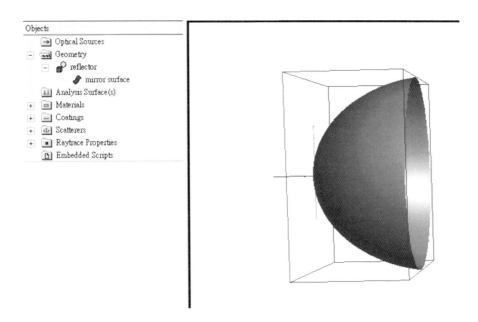

圖2-13　觀察完成的反射罩建立

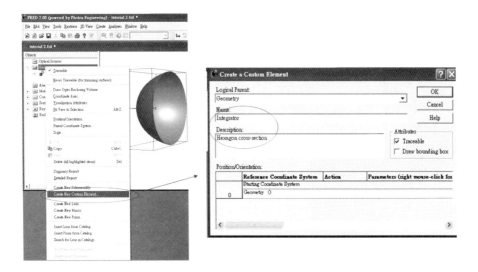

圖2-14　建立一個新的Custom Elements

選擇Create New Curve建立一條新曲線（圖2-15），選擇建立曲線的形式為Segmented（Segmented類型的曲線為使用者可以在空間中自行定義座標點所連成的曲線）（圖2-16），為了節省計算的時間FRED還提供了Generate Points功能，讓使用者可以快速建立多邊形的線段（圖2-17），輸入多邊形線段的各項數值，設定多邊形的數目為6、X-Y半徑0.5，擺放的最大寬度與X軸平行（圖2-18），點選OK鈕之後，則會產生在空間中的正六邊形的線段座標，如圖2-19所示。

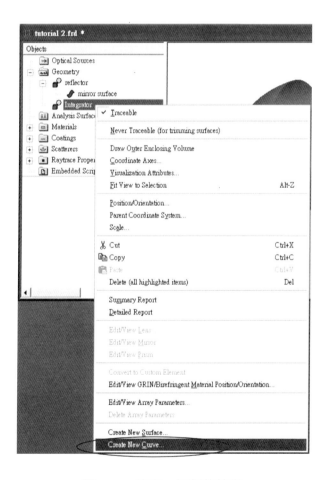

圖2-15　建立一個新的線段

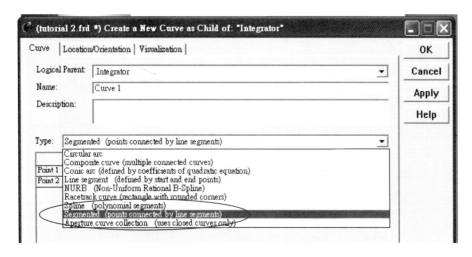

圖2-16 選擇 Segmented類型線段模式

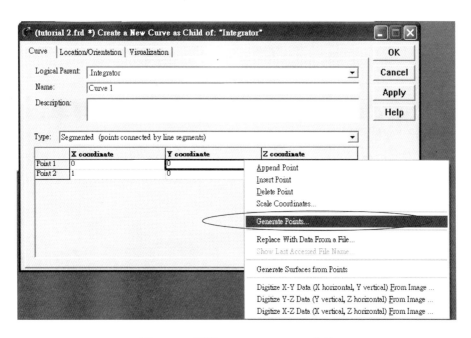

圖2-17 開啟Generate Points功能

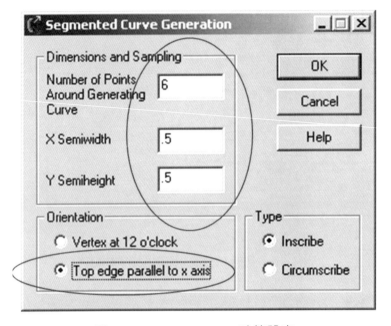

圖2-18　Generate Points 功能設定

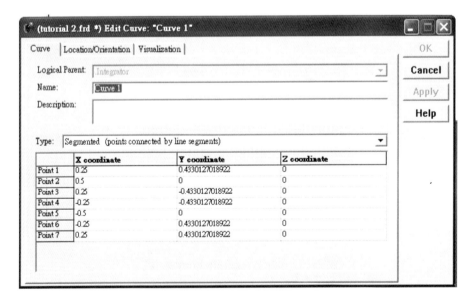

圖2-19　觀察Generate Points 功能所建立的座標點

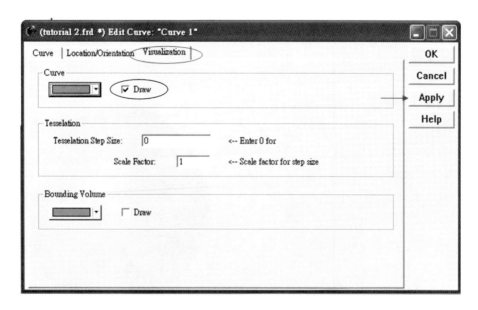

圖2-20　勾選 Draw選項，並按下Apply

在FRED中所有曲線的建立，其預設值都是不顯示在3D CAD 視窗中，我們可以在Visualization分頁勾選Draw再按下Apply（圖 2-20），即可讓建立的線段在3D視窗顯示，如圖2-21所示。

觀察到新建立的曲線，我們可以發現新建立的物件都會出現在卡 式座標原點，除非使用者有預先設定位置。

接著我們利用剛剛建立的六邊形曲線來建構一個光學積分柱， 首先在Integrator的Element下建立一個新的表面，並選擇表面型態為 Tabualted Cylinder（FRED提供了許多的表面建立模型，在每種類型 旁邊括弧的內容，是該類型的說明），如圖2-22所示。

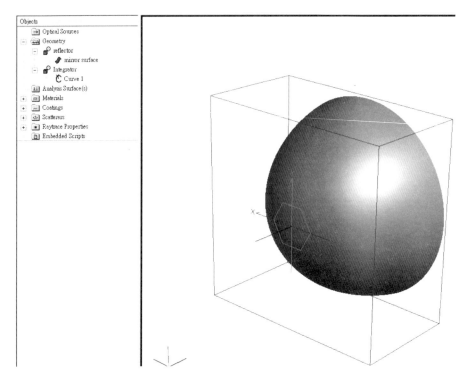

圖2-21　新建立的六邊形線段

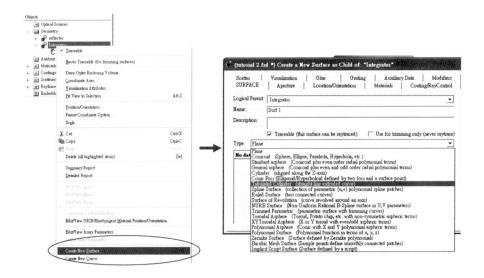

圖2-22　建立新表面並選擇 Tabulated Surface 類型

先選擇將要延伸的曲線為上述所建立的六邊形曲線（.Integrator.

Curve 1），選定Z軸為此線段的延伸方向，其延伸的距離為4mm（圖

2-23），再切換到Aperture頁面，設定積分柱的孔徑，如圖2-24所示。

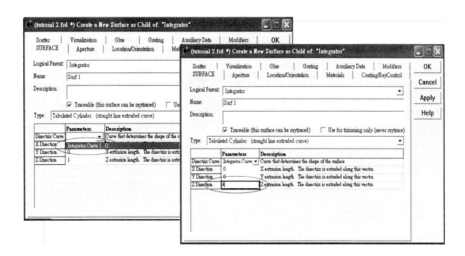

圖2-23　積分柱表面型態參數

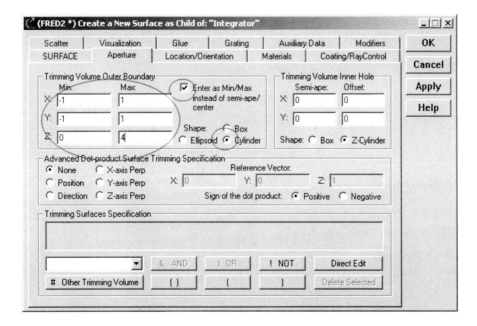

圖2-24　積分柱表面邊界設定

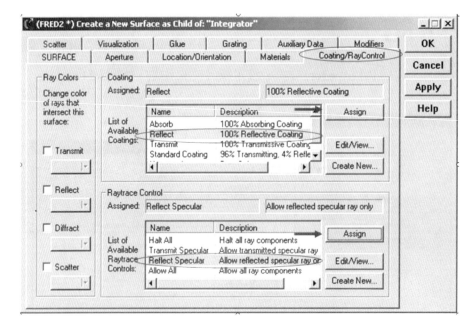

圖2-25　設定表面參數為鏡面效果

　　設定積分柱的表面參數，設定其表面為反射（Reflect）和光線追蹤控制為反射（Reflect Specular），請注意每選擇一種參數後要按下Assign按鈕，才會正確的被套用到表面參數中，如圖2-25所示。

　　最後我們可以修改在CAD介面中觀察的表面顯示顏色，再次提醒修改完參數後一定要按下Assign，完成後點選Apply即可（圖2-26），修改完成之後，積分柱的顏色已變為Tan，如圖2-27所示。

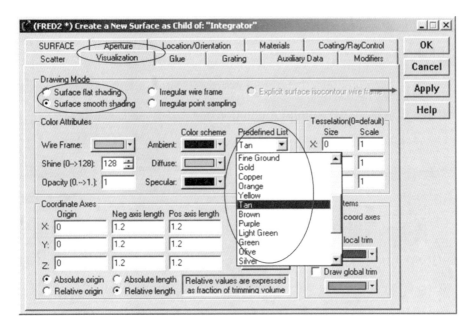

圖2-26　修改視覺參數

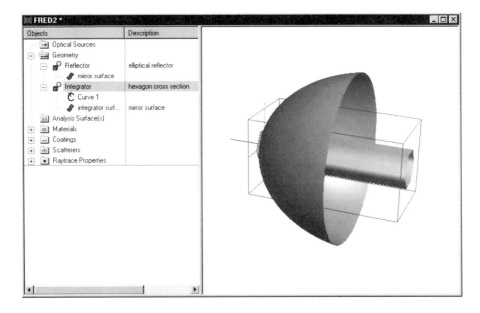

圖2-27　觀察建立完成的六邊形積分柱

　　由上圖可以發現積分柱的位置還在空間座標的原點上，我們利用接下來的幾個步驟將積分柱移動到這個照明系統的對應位置上，首先選取樹狀列表Geometry下的Integrator這個Custom Elements滑鼠右鍵開啟彈出式選單選擇Position/Orientation後，新增一個Location設定列並將積分柱做Z方向5的位移（移動Custom Element將會移動其中所有的物件，包括Curve 1和Integrator）（圖2-28），完成之後，如圖2-29所示。

　　接下來我們將建立此照明系統的觀察平面，首先建立新的Custom Elements並重新命名，接著在此Element下新增一個表面（Create New Surface）。首先，建立新的Custom Elements並修改其名稱與描述（圖2-30），接著建立一個新的表面，其名稱為Surf 3（圖2-31），並在樹狀列Output plane的Element上建立新的表面（與圖2-22相同方式），如圖2-32所示。最後再修改此表面的顏色及位置，如圖2-33到2-36所示，完成之後，如圖2-37所示。

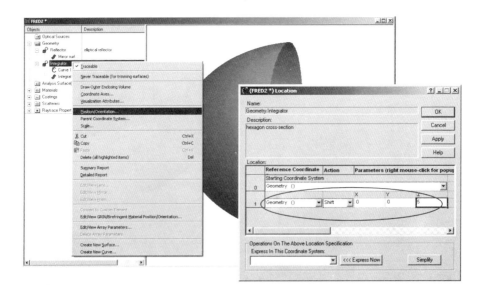

圖2-28 修改積分柱位置

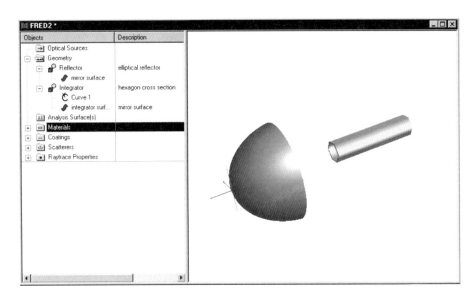

圖2-29　觀察位移完成後的積分柱位置

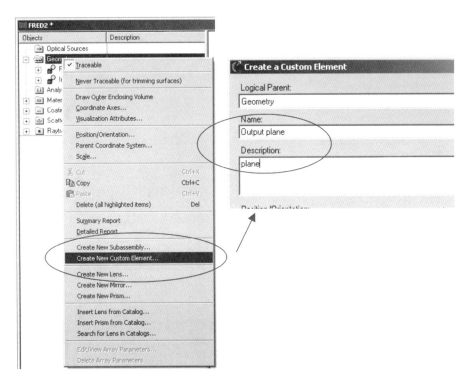

圖2-30　建立Custom Elements

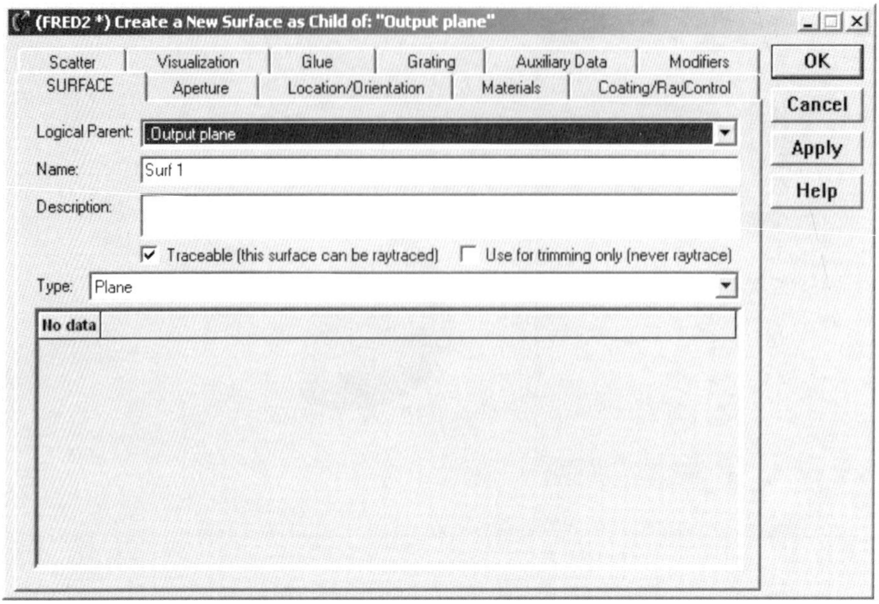

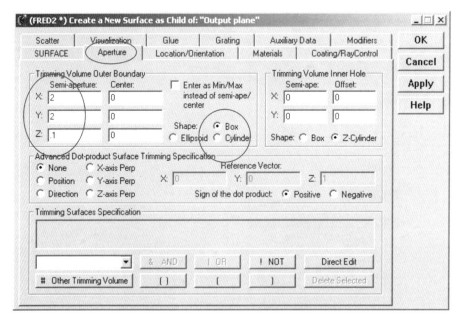

圖2-31　建立新的表面

圖2-32　修改表面邊界參數

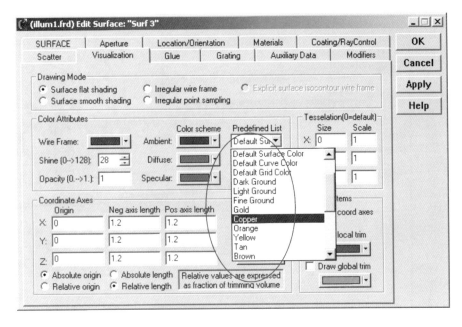

圖2-33　修改視覺顯示參數

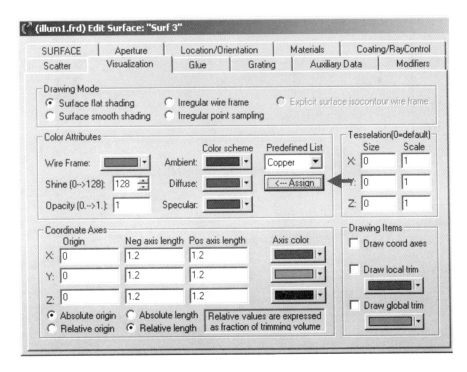

圖2-34　將修改的顏色指定到表面

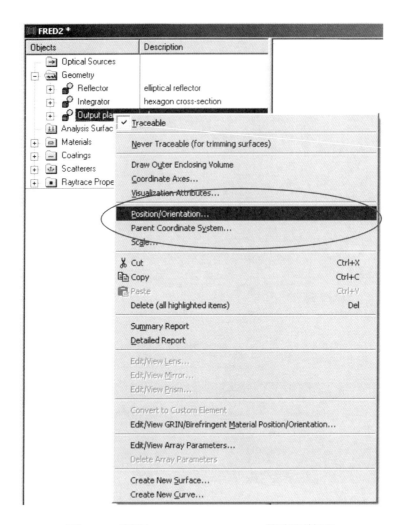

圖2-35　修改output plane Element的空間位置

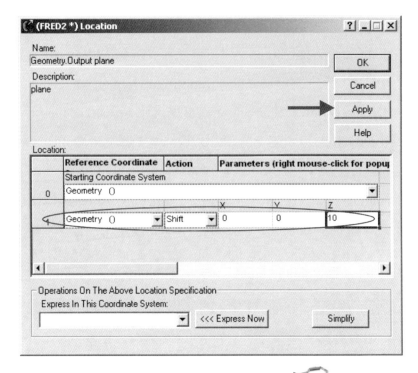

圖2-36 將觀察平面往Z方向平移10mm

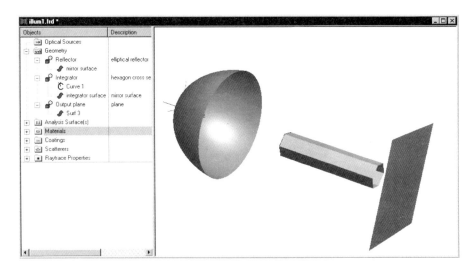

圖2-37 觀察建立完成的所有3D 物件

完成建立模型之後，接著建立系統的光源，在FRED中有簡單光源（Simplified Optical Source）和複雜光源（Detailed Optical Source）2種光源模式，分別為簡單光源（Simplified Optical Source）和複雜光源（Detailed Optical Source），在此案例中，使用Detailed Optical Source模式建立光源。首先選擇Create New Detailed Optical Source（圖2-38），接著切換到Source分頁，修改光源的名稱為 Shperical volume emitter及描述sphere（圖2-39），再跳到Positions/Directions分頁先設定光線位置分佈類型為Random Volume，此類型的光線將會隨機分佈在使用者設定的一個範圍之中，如圖2-40所示。

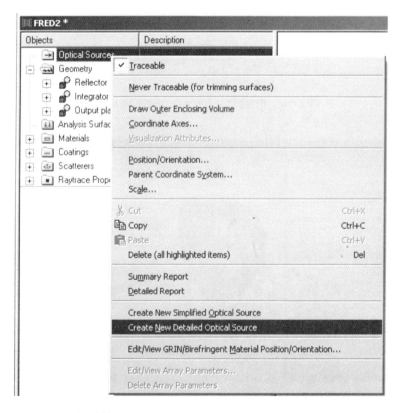

圖2-38　在樹狀列Optical Source選單新增一個Detailed Source

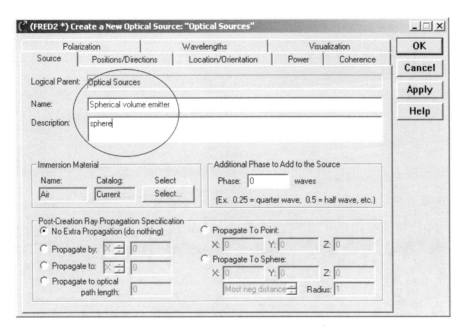

圖2-39　修改光源名稱及描述

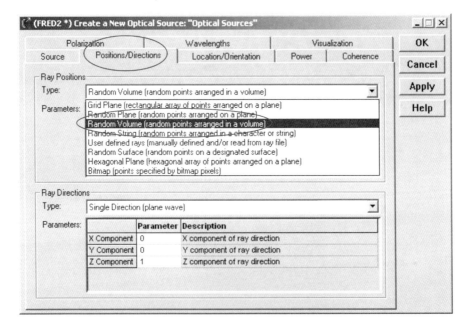

圖2-40　選擇光線位置分佈型態

選擇完光線位置分佈型態後，即可針對此型態的各項參數進行設定，首先設定光線數量為10000條，光線位置分佈的範圍為0.025mm^{3}的正立方體，及其形狀為Spheroid（形狀可以選擇為球型、立方型、Z軸為延伸的圓柱體）（圖2-41），最後，設定光線發光方向角度類型，如圖2-42所示。

接下來分別切換至Power和Wavelengths頁面，設定光源的能量與光源波長及追蹤光線顏色，如圖2-43和2-44所示。

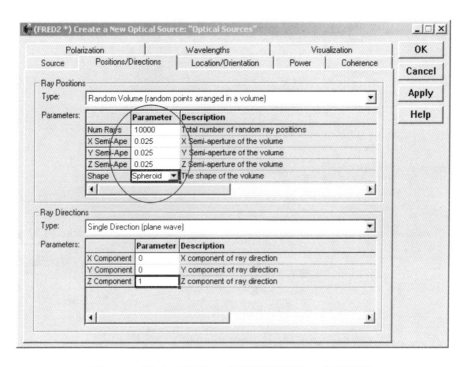

圖2-41　設定光線數、發光區塊半徑、光源形狀

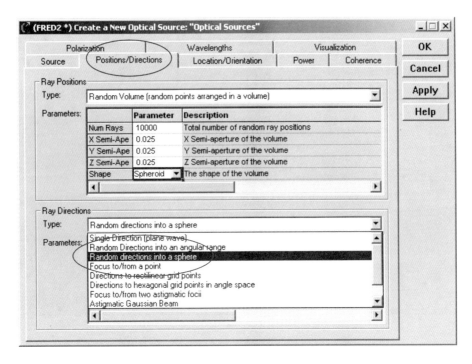

圖2-42 選擇發光方向角度類型

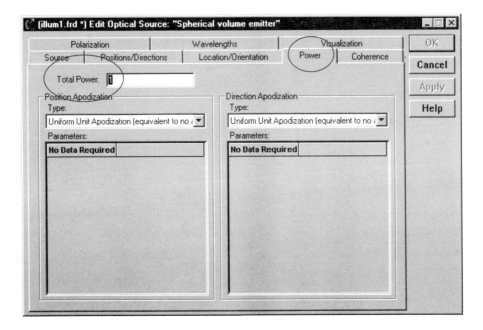

圖2-43 設定光源能量

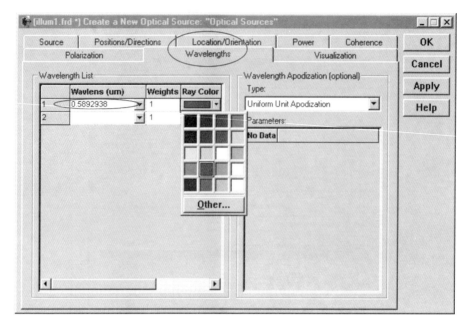

圖2-44　修改光源波長及追蹤光線顏色

　　在FRED中，定義曲線、表面或物件的位置，修改物件的初始點
定義，到系統中任何已建立的物件上，是為曲線、表面或物件位置
的起始點，可減少計算每個物件空間座標的時間達到簡化設計流程
目的，因此，修改光源的位置的起始點為反射罩的Mirror表面（圖
2-45），接著再新增一個控制列，並設定沿Z方向位移1（圖2-46），
完成之後，可在CAD顯示介面觀察建立完成的光源，如圖2-47所示。

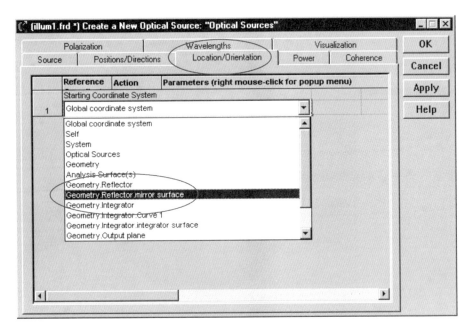

圖2-45　選擇光源位置的參考點

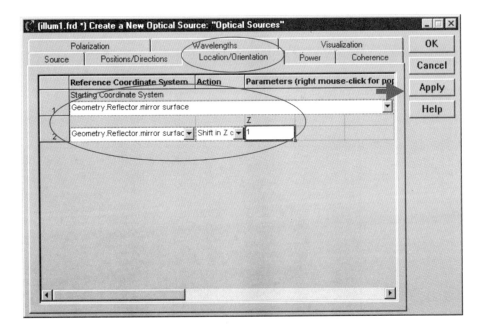

圖2-46　光源位置的位移

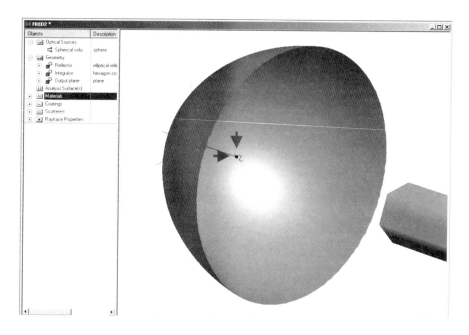

圖2-47　觀察建立完成的光源

隨著光線的建立整個照明系統的架構已初步完成，使用者可以馬上試試系統光線追蹤的效果，如圖2-48所示。

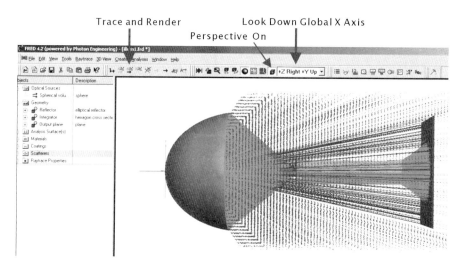

圖2-48　追跡光線

　　FRED的分析功能中有一個很好用的功能，可在CAD顯示界面中觀看三維的光斑圖，使用者只需選擇主選單的Analyses列表，選擇Visualzation 3D Spot Diagram，並修改適當的修改光斑點的尺寸，即可觀察此系統在觀察平面上的光線顯示（圖2-49），完成之後，CAD顯示界面的三維的光斑圖，如圖2-50所示。

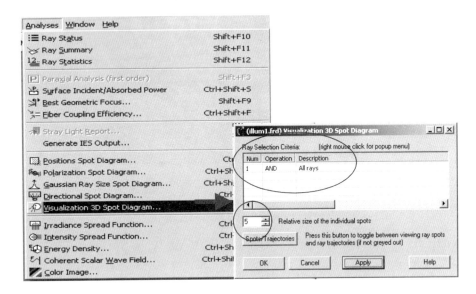

圖2-49　開啟Visualzation 3D Spot Diagram設定

圖2-50　　觀察3D Spot Diagram

　　在FRED中可建立多個分析平面，且同一個表面可同時套用多個分析平面，接下來要分別建立兩個分析平面。首先，選擇New Analysis Surface（圖2-51），接著會出現Analysis Surface的對話視窗，並設定分析平面的名稱Irradiance calculation、描述E at output plane、分析平面的尺寸為4×4mm、和分析平面的網格設定為21×21、位置設定到Geoemtry.Output plane.Surface3 ()、光線選擇設定在All Rays下新增一個條件，Rays on Surface" Geoemtry.Output plane.Surface3 ()"，如圖2-52所示。

　　依照上述步驟，建立第二個分析平面，選擇New Analysis Surface（圖2-53），設定分析平面的名稱Intensity calculation、描述I at output plane，勾選分析方式為輸入Min/Max角度選項，並設定觀察角度範圍在正負30度間，和分析平面的網格設定為21×21、位置設定

到Geoemtry.Output plane.Surface3 ()、光線選擇設定在All Rays下新增
一個條件，Rays on Surface" Geoemtry.Output plane.Surface3 ()"，如圖
2-54所示。

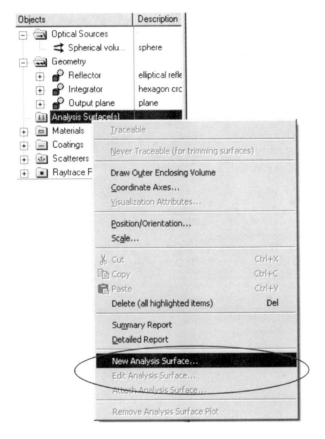

圖2-51　建立一個分析平面

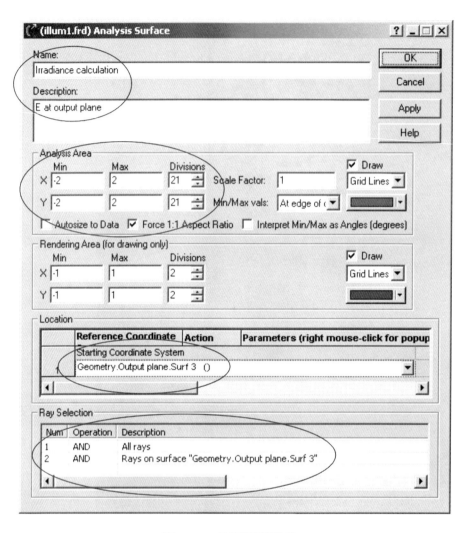

圖2-52　分析平面設定

圖2-53　建立第2個分析平面

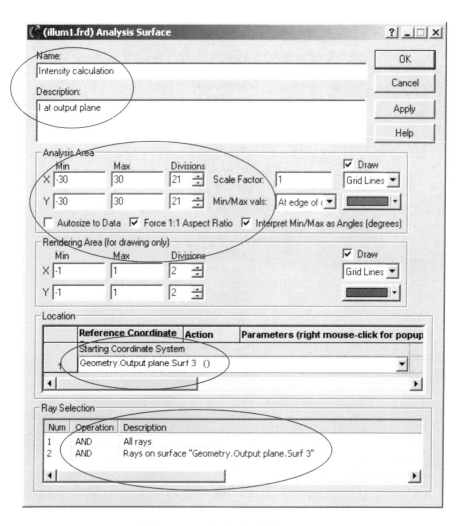

圖2-54　設定第2個分析平面

2.4 模擬結果分析

　　FRED提供給許多快速又精準的分析功能給使用者，現在就先介紹照度分析計算及分析圖表的觀察，接著再使用光強度分析功能及光線分析功能來觀察照明系統的發光效率。

　　使用滑鼠左鍵，點選快捷工具列中的光照度分析按鈕，並選擇Irradiance calculation分析平面，再按下OK，如圖2-55所示。

　　下圖為光照度分析圖共有4個分頁，首先左上角的圖片為光打在分析平面（被照面積）上的能量分佈，而右上和左下兩張圖片，分別為光強度分析圖中的X-Y軸的剖面圖，最後右下角的圖片為分析面每個網格所接收到光線的統計圖，如圖2-56所示。

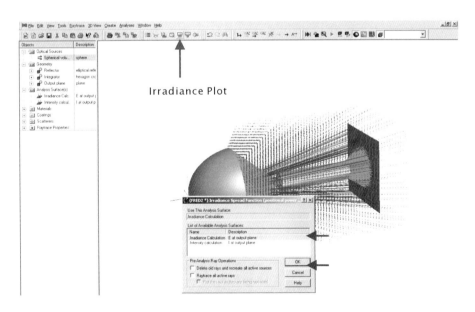

圖2-55　進行光照度分析

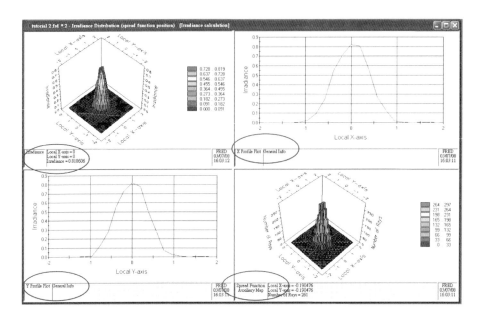

圖2-56　照度分析圖

　　使用者可以在照度分析圖上，點滑鼠右鍵可以開啟設定選單，進行模擬結果資料編輯，如：圖片存檔（Save Chart to Bmp）、資料存檔（Save Data to Text File）、均化效果（Smooth/Modify Data）等動作，如圖2-57所示。

　　在照度分析圖上，同時按住滑鼠的左右鍵，可旋轉3D的分析圖，方便使用者做不同位置座標數值的觀察，如圖2-58所示。旋轉之後如圖2-59所示（使用者可與圖2-57比較）。且使用者可將照度分析圖，做部分的區域的放大，只要先按住滑鼠左鍵，框選欲放大之區域即可，如圖2-60與2-61所示，若想回復原本的照度分析圖尺寸，按下鍵盤"R"即可回復。

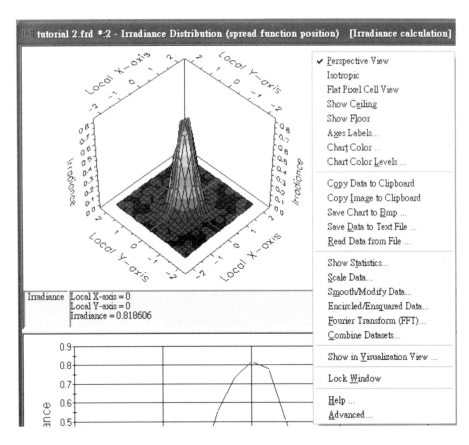

圖2-57　開啟設定選單

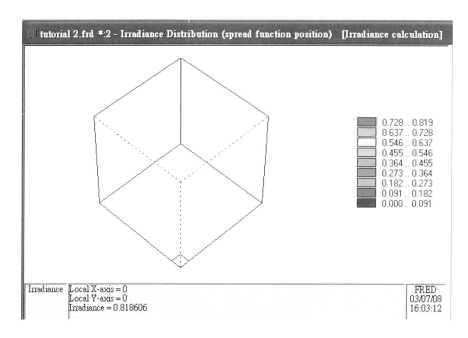

圖2-58　同時壓住滑鼠的左右鍵，可以對分析圖作旋轉

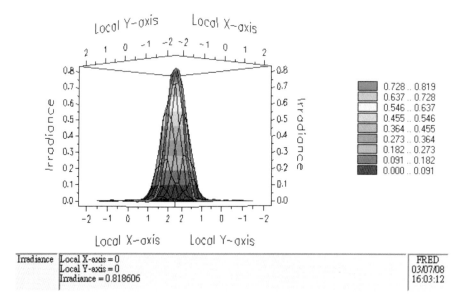

圖2-59　轉換視角的照度分析圖

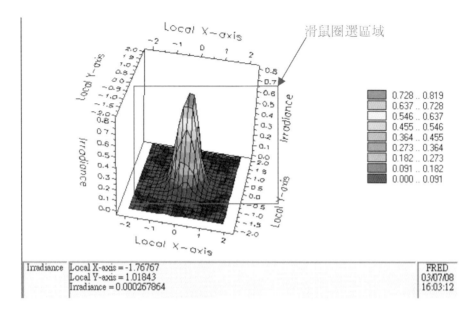

圖2-60　放大前的分析圖

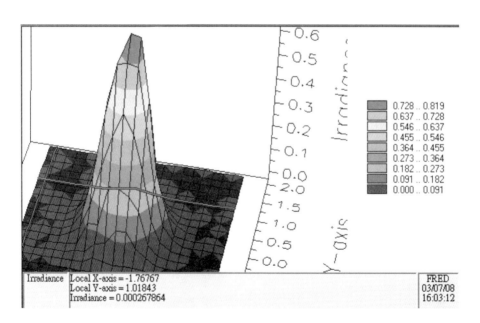

圖2-61　放大後的分析圖

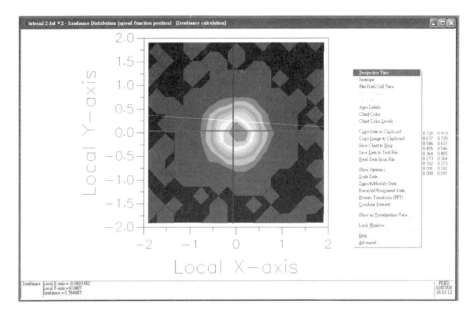

圖2-62　2維的照度分析圖

　　打開選單，關閉Perspective View功能可以將3D照度分析圖修改成2D顯示，如圖2-62所示。

　　使用者也可依照本身之需要，修改照度分析圖的底色，使用滑鼠右鍵，點選照度分析圖中的任意位置，再選擇選單中的Chart Color，如圖2-63所示。

　　接著觀察出光面上的光強度分佈，首先，使用滑鼠左鍵點選快捷工具列中的光強度分析按鈕，並選擇Intensity calculation分析平面，再按下OK，如圖2-64所示。

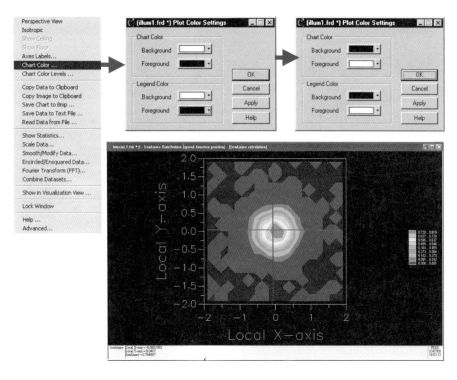

圖2-63　修改照度分析圖顏色設定

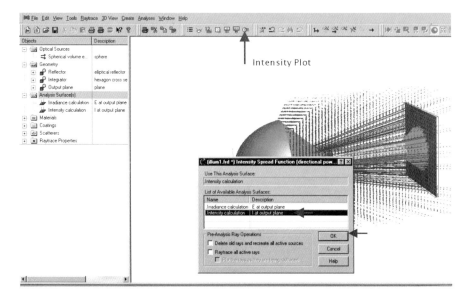

圖2-64　點選強度分析面

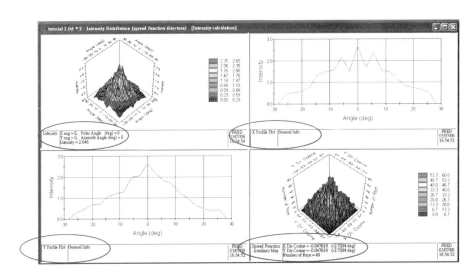

圖2-65　光強度分析圖表

　　光強度分析圖與光照度分析圖相同，一樣都有四個分頁，左上角的圖片是在分析面上，接收到不同角度的光強度的能量的光強度分佈圖，而右上和左下2張圖片，分別為光強度分析圖中的X-Y軸的剖面圖，最後右下角的圖片為分析面每個網格所接收到光線的統計圖，如圖2-65所示。

　　使用者可以在光強度分析圖上，點滑鼠右鍵可以開啟設定選單，進行模擬結果資料編輯，而在光強度分析時，提供了四個模組供使用者選擇，如圖2-66所示。

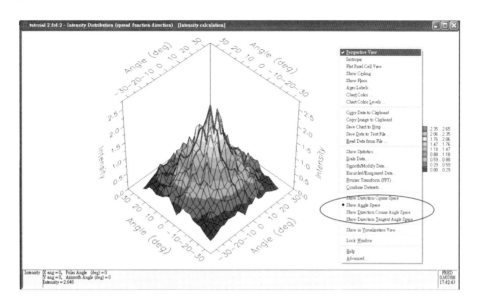

圖2-66　選擇光強度計算方式

　　使用者可以依照需求進行進階光線追跡（Advanced Raytrace），
選擇Raytrace→Advanced Raytrace，進行進階光線追跡的設定，請
勾選每追跡幾條光線才顯示光線路徑（Draw every 1'th ray that is
raytraced）、建立光線歷史檔案（Create/use ray history file）和定義
光路徑（Determine raypaths）的設定，最後再點選Apply/Trace按鈕，
進行進階光線追跡，如圖2-67所示。完成進階光線追跡後，使用者可
以得到更多的光線分析資訊如：光線追跡路徑報表及對特定的光線
路徑做光線追跡，選擇Tools→Report→Raytrace Paths（圖2-68），可
得到光線追跡路徑報表（圖2-69）及報表的說明（圖2-70），且每種
光線路徑皆可匯出更詳細的報表資訊（圖2-71），匯出的光線路徑資
訊，會在分析結果視窗中（圖2-72），使用者可在光路徑報表得到許
多資訊（圖2-72），在圖2-72中可得到以下的資訊：

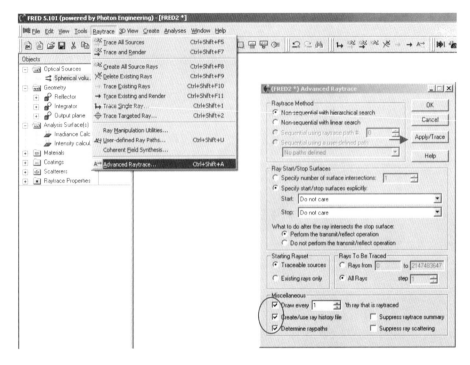

圖2-67　進階光追跡設定視窗

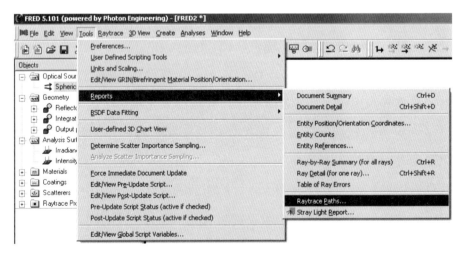

圖2-68　開啓光線追跡報表

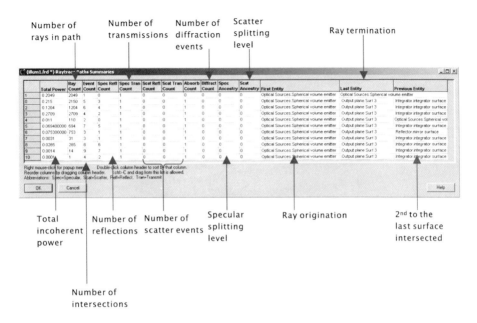

圖2-69　光線追蹤報表及說明

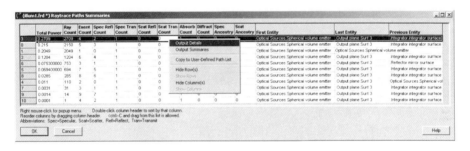

圖2-70　匯出詳細光路徑報表

RAYPATH DETAILS: (illum1.frd)

Path #:   3

Event	Tran/ Refl	Parent/ Child	Specular/ Scatter	Sequen/ NonSeq	Diffract Order	Surface
0	Tran	Parent	Spec	Nonseq	0	Optical Sources.Spherical volume emitter
1	Refl	Parent	Spec	Nonseq	0	Geometry.Reflector.mirror surface
2	Refl	Parent	Spec	Nonseq	0	Geometry.Integrator.integrator surface
3	Halted	Parent	---	Nonseq	0	Geometry.Output plane.Surf 3

Total Power	Ray Count	Tran Count	Refl Count	Spec Count	Scat Count	Diff Count
0.2709	2709	1	2	4	0	0

圖2-71　詳細光路徑報表

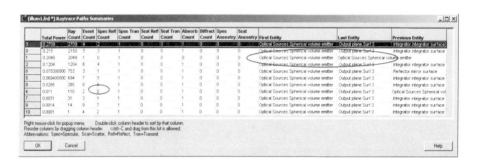

圖2-72　光路徑報表說明

1. Path 1的光路徑的起始位置與終止位置相同，表示這些光線，從光源出發後並沒有接觸到任何的元件，而這部份光源的能量佔了光源發出能量的20.409%。

2. Path 4的光線路徑，最終抵達的表面為觀察面，且反射的次數為零，即此路徑的光線是直接由光源發射之後，沒有經過任何物件的反射，直接入射至觀測面上，其光源的能量佔光源發出的能量1.1%。

3. 其他路徑入射至觀察平面上的能量，為光源能量的78.41%。

　　當得到光線路徑分析資料後，可顯示特定光線路徑追跡的結果，
其步驟如下：

1. 選擇Raytrace→Ray Manipulation Utilities（圖2-73），接著會出現
   Ray Manipulation Utilities對話視窗，如圖2-74所示。

2. 選擇一個光線路徑，修改圖2-74中Specify Which Rays To Act On的
   設定，請使用滑鼠左鍵雙擊第一行，會跳出Ray Selection Criterion
   對話視窗，修改為欲顯示的光線路徑為Path 7，如圖2-75所示。

3. 點選由光線歷史資訊顯示光線，如圖2-76所示。

4. 觀察光線路徑Path 7的追跡結果，如圖2-77與2-78所示。

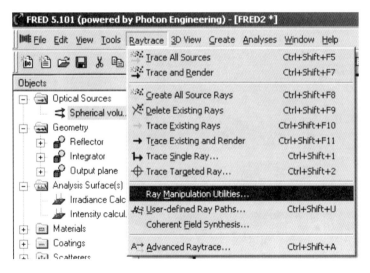

圖2-73　開啓Ray Manipulation Utilities

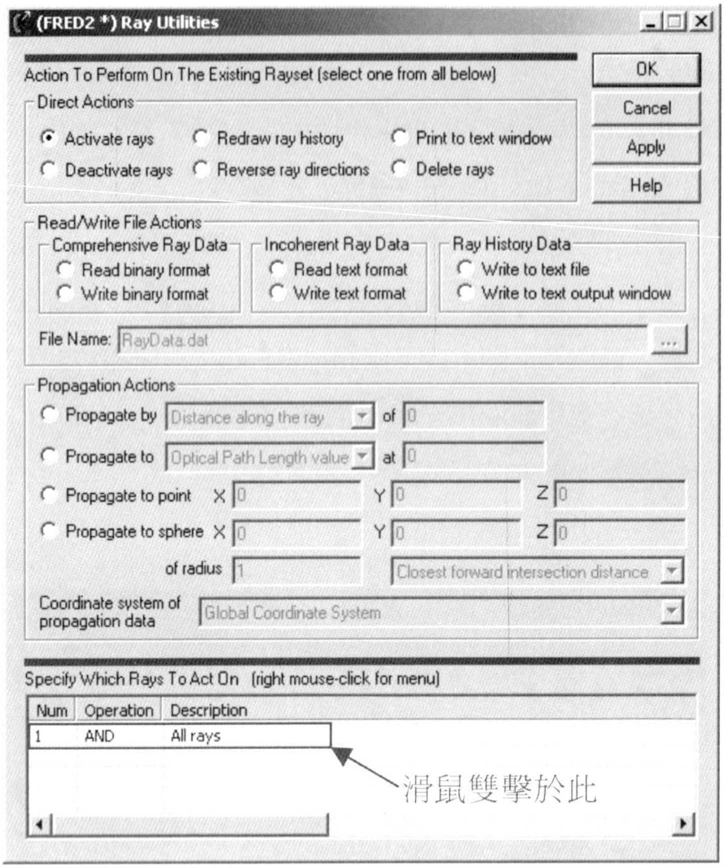

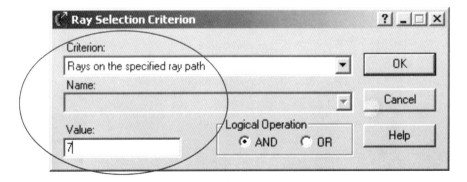

圖2-74　Ray Manipulation Utilities對話視窗

圖2-75　設定追跡光線路徑

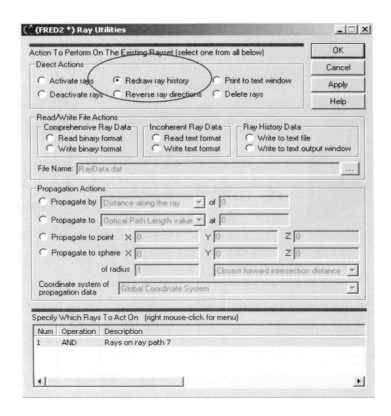

圖2-76　點選光線來源資訊

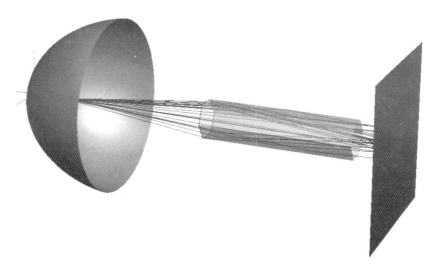

圖2-77　Path7的光線追跡（立體視角）

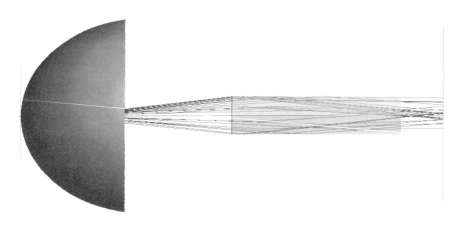

圖2-78　Path7的光線追跡-（X-Y平面視角）

第三章

孔徑（Aperture）與 削切（Trimming） 範例

3.1　課程大綱

本章節的目的是展示在FRED中的簡易與複雜孔徑的設定。

· 削切體積來設定孔徑

· 削切表面

· 使用And與OR運算元來設定複雜孔徑

· 削切曲線

3.2　課程簡介

本章節總共可以分成四個小節，第一個小節是介紹如何使用Aperture，來修改模形的形狀，第二個小節是介紹如何使用削切的功能，首先會先建一個圓柱面，再建立一個表面來削切圓柱面，第三個小節是介紹使用FRED的內建指令建立一個稜鏡，和其建構方式，讓使用者可以自行修改稜鏡的尺寸，第四個小節是介紹如何使用複合的曲線，來建立一個表面，第五個小節是整合上述的四個小節，建立一個範例，給使用者練習。

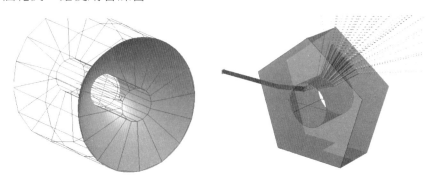

3.3 光學系統建立流程

　　首先，開啟新檔案，請點選File > New > Fred Type (Ctrl + N)（圖3-1），接著是新增元件（Element），請在左側樹狀列的Geometry上敲擊滑鼠右鍵，在跳出的選單中點選Create New Custom Element（圖3-2），再Create a Custom Element對話視窗的Name欄位中輸入Reflector，然後點選OK（圖3-3），接著在這個Element上新增表面（Surface），請在左側樹狀列的Geometry > Reflector上敲擊滑鼠右鍵，在跳出的選單中點選Create New Surface（圖3-4），並在Create a New Surface as Child of: "Reflector"對話視窗的Type欄位中選取

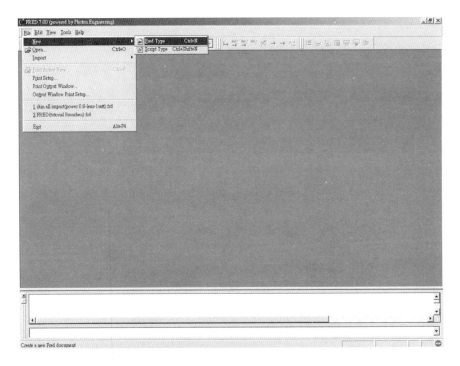

圖3-1　開啟新檔案

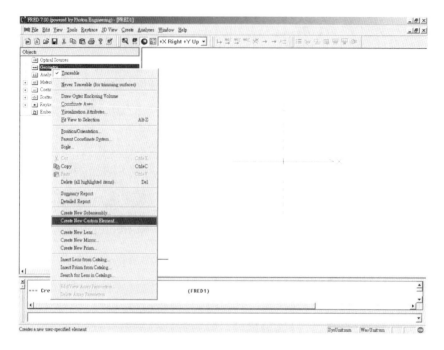

圖3-2　建立Element

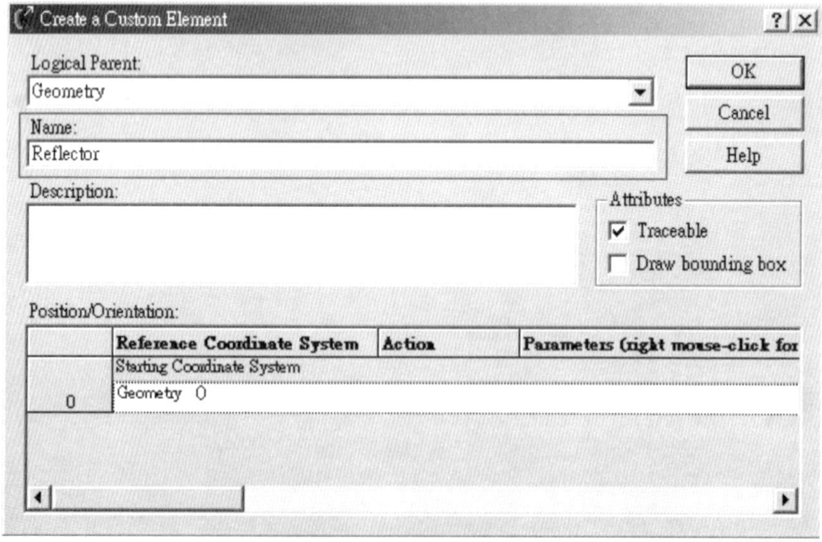

圖3-3　輸入名稱

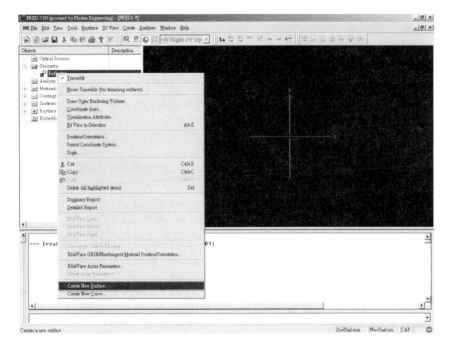

圖3-4　新增表面

Conicoid (Sphere, Ellipse, Parabola, Hyperbola, etc.)和在Curv欄位中輸入1、在Conic欄位中輸入-1，最後再切換至Aperture標籤頁，在Semi-aperture中輸入X, Y, Z = 2, 2, 1，並確認外形（shape）為圓柱形（Cylinder），然後點選OK如圖3-5、圖3-6和3-7所示，完成後如圖3-8所示。然後點選左側樹狀列的Geometry > Reflector > Surf 1，可在右側看到紅線，即為削切體積。

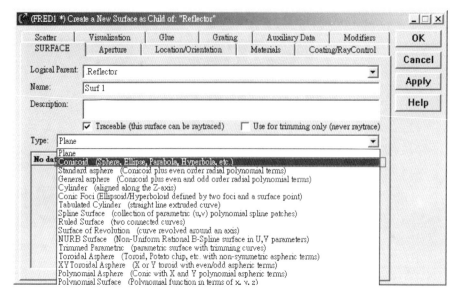

圖3-5　選擇建立型式

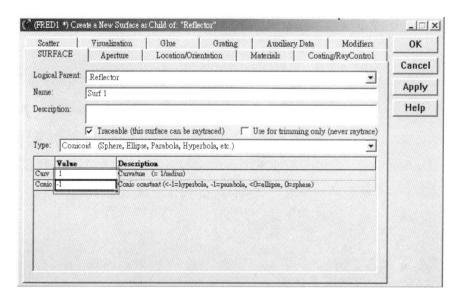

圖3-6　輸入參數

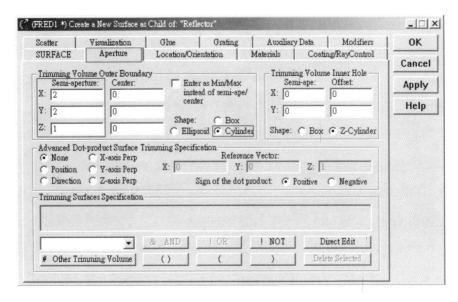

圖3-7　輸入孔徑

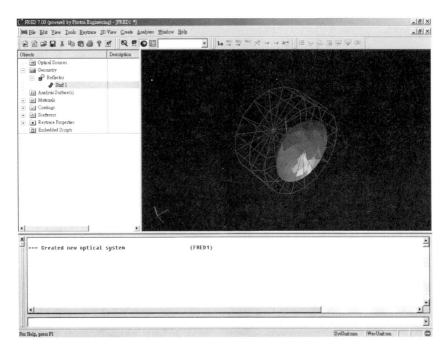

圖3-8　建立反射鏡完成圖

接下來介紹如何使用孔徑的設定，來改變反射鏡的形狀，首先，在左側樹狀列的Geometry > Reflector > Surf 1上敲擊滑鼠左鍵兩次，可開啟Edit Surface: "Surf 1"對話視窗，到Aperture頁面設定Semi-aperture: Z為2，接著點選Apply（圖3-9），接著可看見紅線所表示的削切體積長度（Z軸）變更為2，如圖3-10所示；在Edit Surface: "Surf 1"對話視窗中，勾選Enter as Min/Max instead of semi-ape/center，接著在Min中輸入X, Y, Z = -2, -2, 1以及Max中輸入X, Y, Z = 2, 2, 2，最後點選Apply（圖3-11），可看見削切體積從X, Y, Z軸的長度設定變更為X, Y, Z軸上的範圍設定，此時範圍為X= 2 ~ -2, Y = 2 ~ -2, Z = 1 ~ 2，如圖3-12所示；在Edit Surface: "Surf 1"對話視窗中，將Min Z更改為-2，並在Trimming Volume Inner Hole內的Semi-ape中輸入X, Y= 0.5, 0.5，最後點選Apply（圖3-13），可看見削切體積範圍變更為X= 2 ~ -2, Y= 2 ~ -2, Z= 2 ~ -2，且中心有個X, Y方向皆為0.5的圓柱形孔徑，如圖3-14所示。

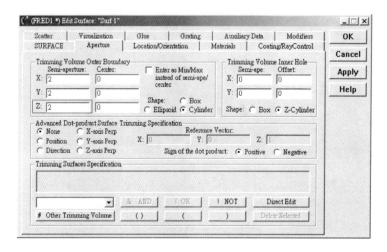

圖3-9　修改孔徑

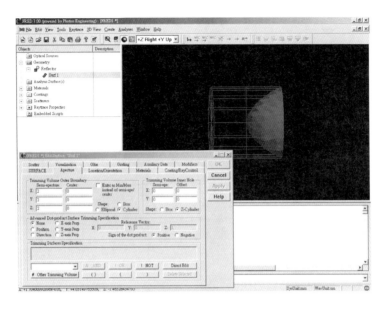

圖3-10　反射鏡

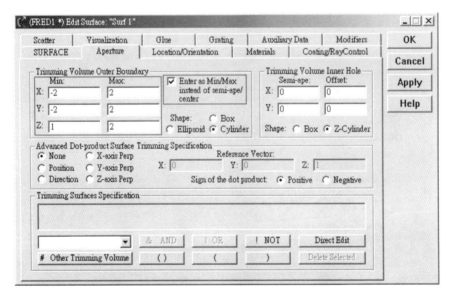

圖3-11　修改孔徑

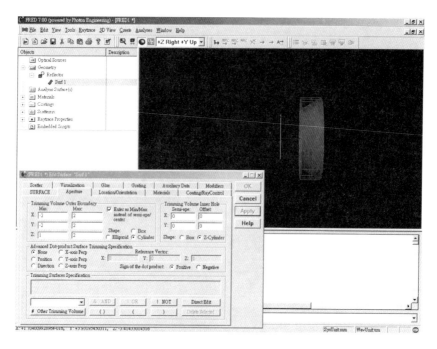

圖3-12　反射鏡

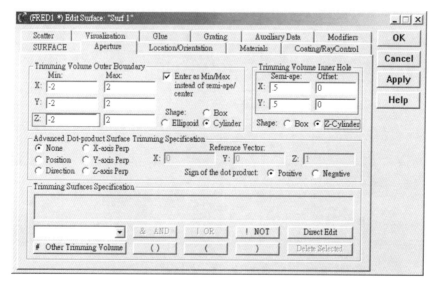

圖3-13　修改孔徑

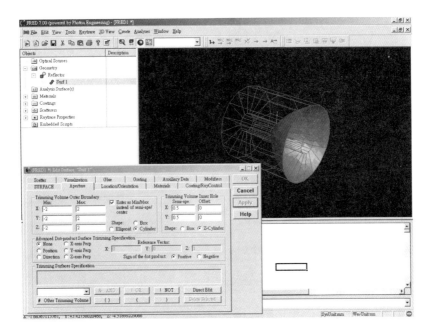

圖3-14　反射鏡

接著建立一個離軸拋物面鏡，在Edit Surface: "Surf 1"對話視窗中，點選SURFACE頁面，在Curv上敲擊滑鼠右鍵，點選Toggle Curvature/Radius Mode，以更改曲率（Curv）為曲率半徑（Rad）（圖3-15），並在Rad欄位中輸入20（圖3-16），接著切換到Aperture頁面，取消Enter as Min/Max instead of semi-ape/center選項，更改Trimming Volume Outer Boundary為Semi-aperture = 2, 2, 2且Center = 0, 5, 0，並更改Trimming Volume Inner Hole的Semi-ape為x, y = 0, 0，最後點選Apply（圖3-17），可看見所設定的離軸拋物面鏡，如圖3-18所示。

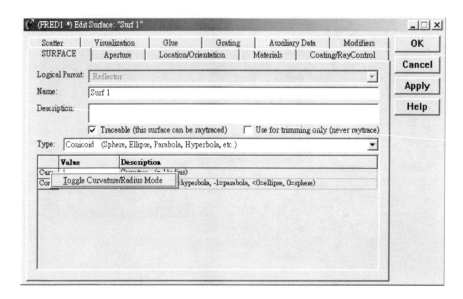

圖3-15　修改單位

圖3-16　輸入尺寸

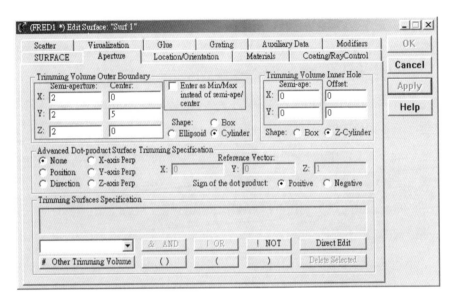

圖3-17　修改孔徑

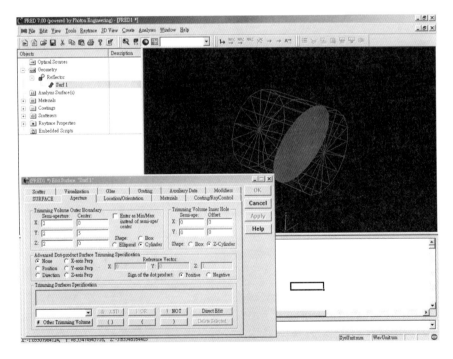

圖3-18　離軸拋物面鏡

　　接下來介紹第二小節，介紹如何使用削切的功能，首先會先建一個圓柱面，再建立一個表面來削切圓柱面。開啟新檔案，請點選File > New > Fred Type (Ctrl + N)，如圖3-19所示。首先，建立一個圓柱面，新增元件（Element），請在左側樹狀列的Geometry上敲擊滑鼠右鍵，在跳出的選單中點選Create New Custom Element（圖3-20），並在Create a Custom Element對話視窗的Name欄位中輸入Cylinder，然後點選OK（圖3-21），接著新增表面（Surface），請在左側樹狀列的Geometry > Cylinder上敲擊滑鼠右鍵，在跳出的選單中點選Create New Surface（圖3-22），並在Create a New Surface as Child of: *Cylinder*對話視窗的Type欄位中選取Cylinder （aligned along the Z-axis）（圖3-23），接著在Z Location的Back End欄位上輸入4（圖3-24），切換至Aperture標籤頁，在Semi-aperture中輸入X, Y, Z = 1.1, 1.1, 2，在Center中輸入z = 2，接著點選OK（圖3-25），點選主視窗

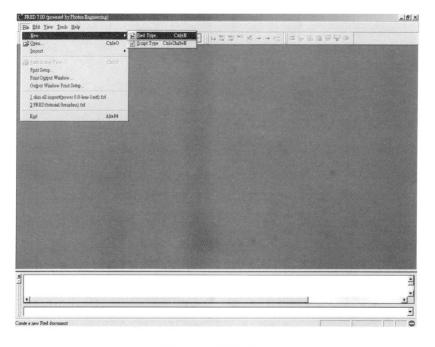

圖3-19　開新檔案

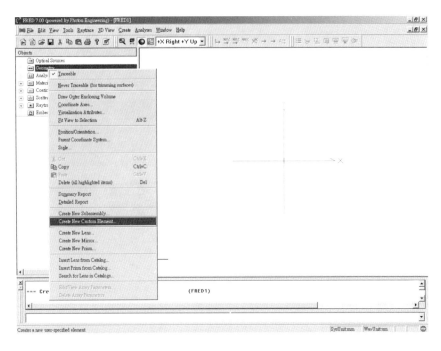

圖3-20　建立新的Element

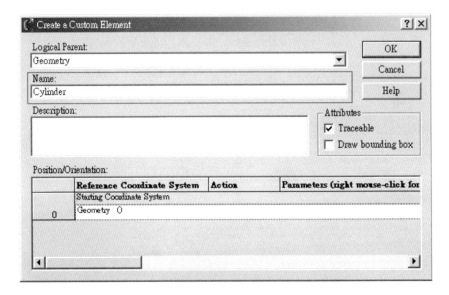

圖3-21　輸入名稱

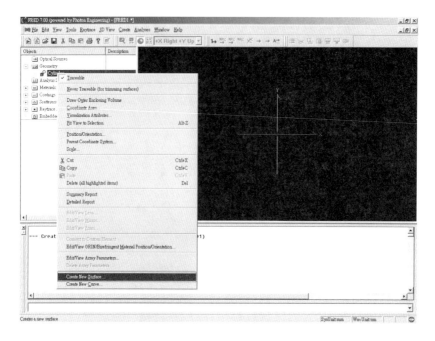

圖3-22　建立新表面

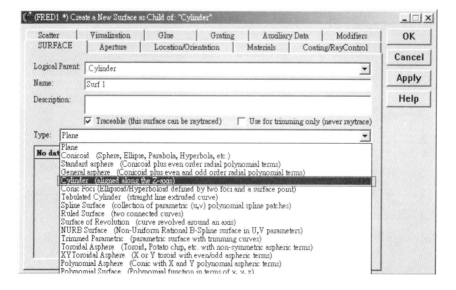

圖3-23　選擇表面型式

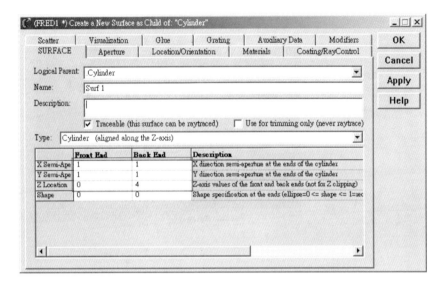

圖3-24　輸入參數

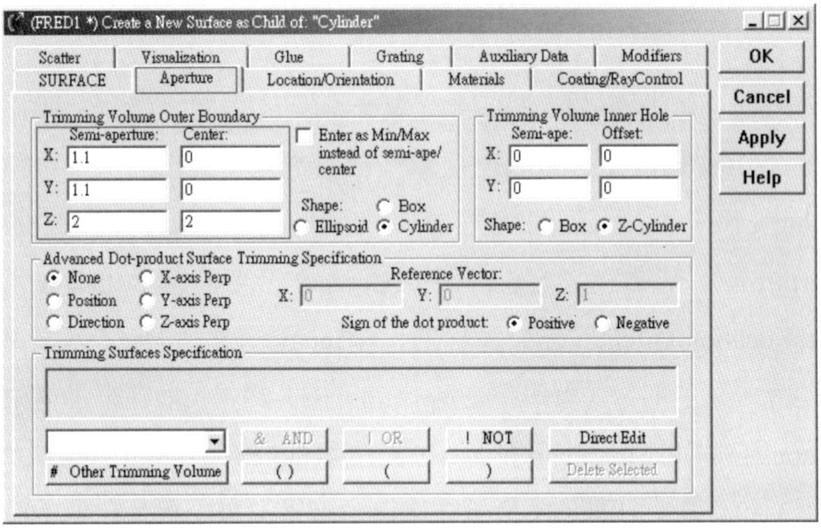

圖3-25　修改孔徑

左側樹狀列的Geometry > Cylinder > Surf 1，可在右側看到以紅線表示的削切體積，如圖3-26所示。

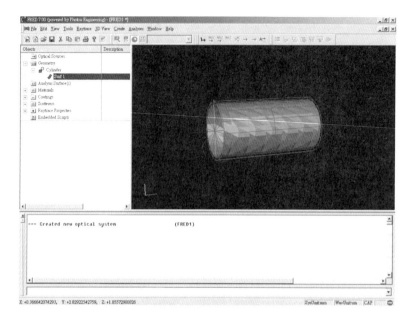

圖3-26　建立圓柱面完成

　　新增一個表面（Surface），當作削切的表面，請在左側樹狀
列的Geometry > Cylinder上敲擊滑鼠右鍵，在跳出的選單中點選
Create a New Surface（圖3-27），切換至Aperture標籤頁，更改Semi-
aperture為X, Y, Z = 2, 2, 0.1，更改Center的Z = 0（圖3-28），再切
換到Location/Orientation頁面，在下方Geometry.Cylinder ()處敲擊滑
鼠左鍵，點選下拉式選單中的Append（圖3-29），並在附加欄位的
Action內挑選Rotate about X-axis，和在X-angle (deg)欄位中輸入30，
如圖3-30和圖3-31所示，接著在空白處敲擊滑鼠左鍵，點選下拉式
選單中的Append（圖3-32），請在附加欄位的Action內挑選Shift in Z
direction（圖3-33），並在Z欄位中輸入2，然後點選OK（圖3-34），
可以在右側看到兩個相交的表面，如圖3-35所示。

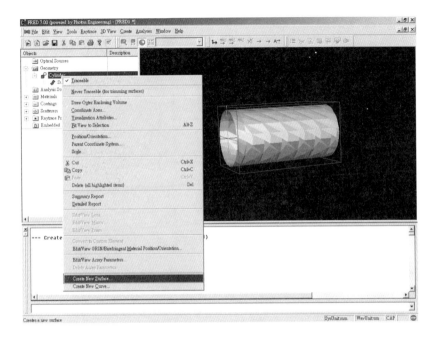

圖3-27　新增表面

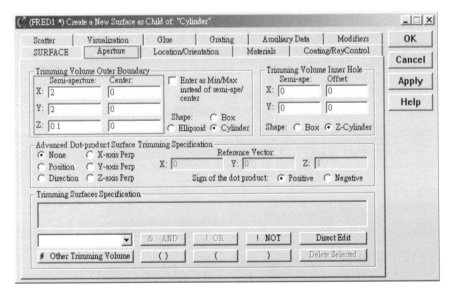

圖3-28　修改孔徑

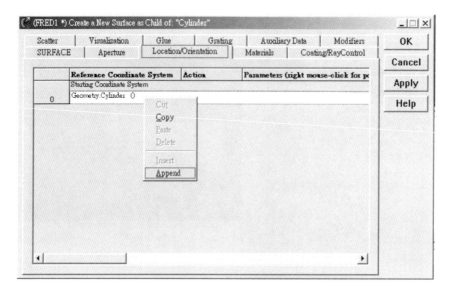

圖3-29　修改位置

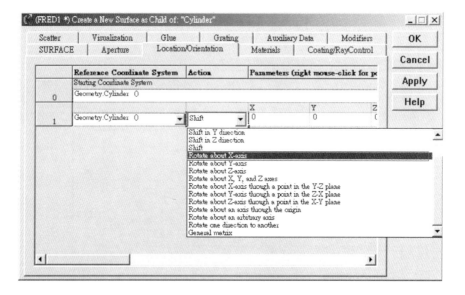

圖3-30　旋轉表面

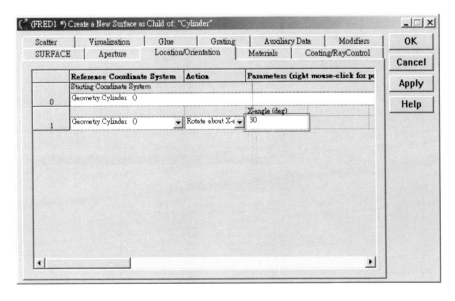

圖3-31　輸入參數

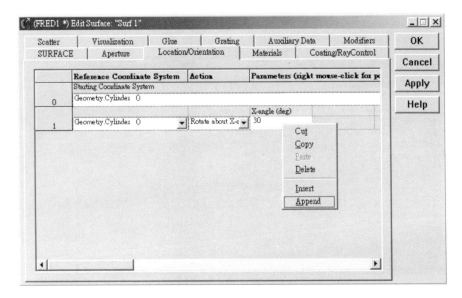

圖3-32　修改位置

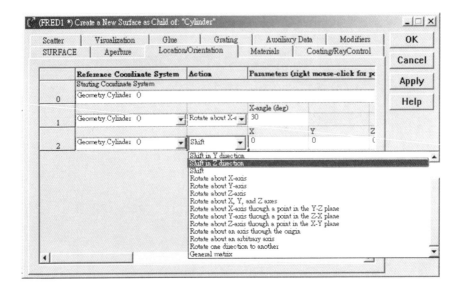

圖3-33　移動表面

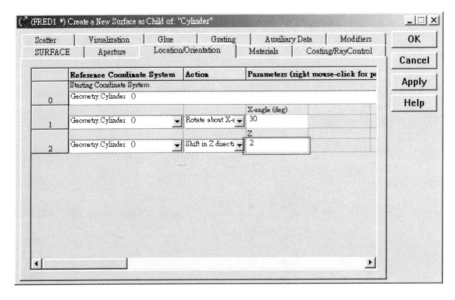

圖3-34　輸入參數

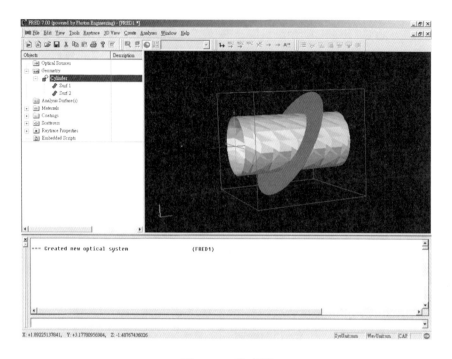

圖3-35　完成圖

　　接下來介紹，如何使用建立好的表面，削切圓柱面。首先，請在左側樹狀列的Geometry > Reflector > Surf 1上敲擊滑鼠左鍵兩次，可開啟Edit Surface: "Surf 1"對話視窗，到Aperture頁面，在下方選單中點選Cylinder.Surf 2 ()，接著點選OK（圖3-36），可在主視窗右側看見兩個表面組成的特殊表面，其預設保留的部分是右邊的圓柱面（圖3-37），接著在左側樹狀列的Geometry > Reflector > Surf 2上敲擊滑鼠左鍵兩次，可開啟Edit Surface: "Surf 2"對話視窗，請勾選Use for trimming only (never raytrace)，最後點選OK（圖3-38），此可隱藏表面2，使表面2只應用於設定特殊表面，不具任何光學效用，如圖3-39所示。若是想保留左邊的圓柱面，則在左側樹狀列的Geometry > Reflector > Surf 1上敲擊滑鼠左鍵兩次，可開啟Edit Surface: "Surf 1"對話視窗，請切換至Aperture頁面，點選下方的「！NOT」，可觀察到Trimming Surfaces Specification變更為「!"Cylinder.Surf 2"」，接著點選OK（圖3-40），完成之後，如圖3-41所示。

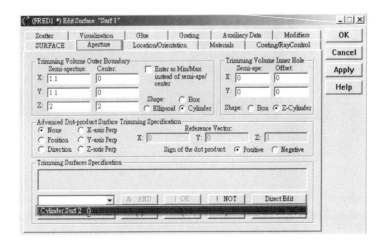

圖3-36　修改削切參數

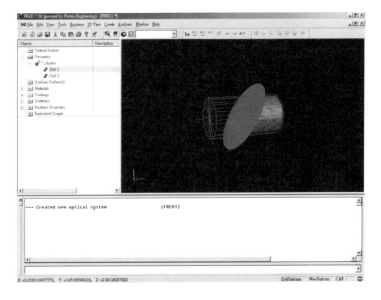

圖3-37　保留右邊的圓柱面

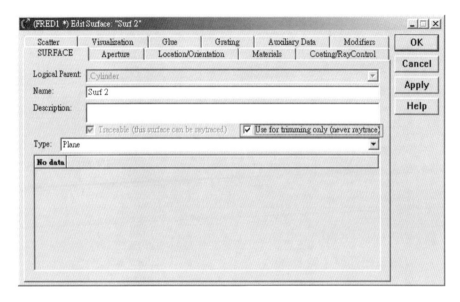

圖3-38　隱藏表面2

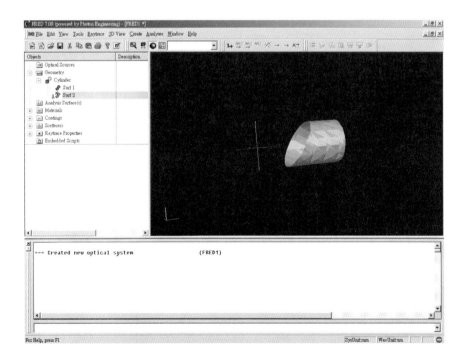

圖3-39　削切完成

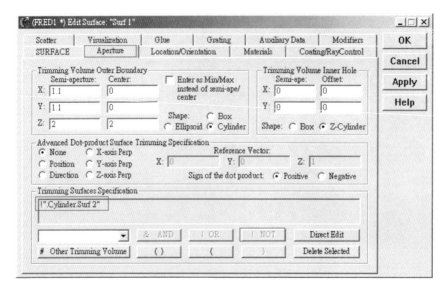

圖3-40　修改削切參數

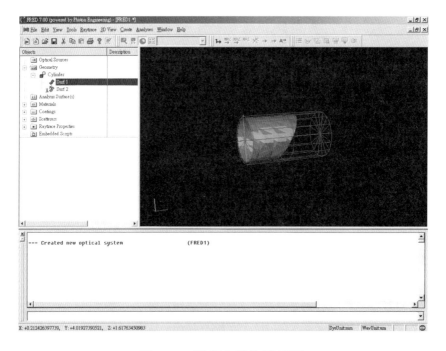

圖3-41　保留左邊的圓柱面

　　第三個小節是介紹使用FRED的內建指令建立一個稜鏡，和其建構方式，讓使用者可以自行修改稜鏡的尺寸。開啟新檔案，請點選 File > New > Fred Type (Ctrl + N)（圖3-42），新增稜鏡（Prism），請在左側樹狀列的Geometry上敲擊滑鼠右鍵，在跳出的選單中點選 Create New Prism（圖3-43），在跳出的Create a New Prism視窗中，挑選Type為Porro (90 deg deviation)（圖3-44），並輸入Bevel Width = 0.25，然後點選OK（圖3-45），在主視窗左側可觀察到Porro Prism 以及其斜邊寬度（Bevel width）（圖3-46），點選左側樹狀列中，Geometry > Prism 1左邊的加號以展開此物件的表面，可發現此物件由多個表面所組成，其中表面2為TIR表面，由多個表面透過布林運算所構成，如圖3-47所示。

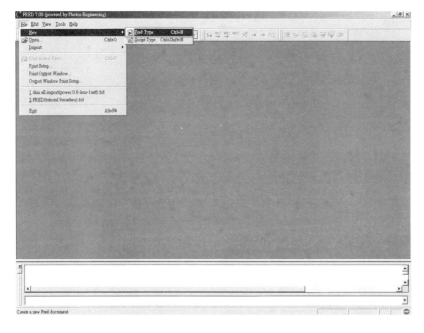

圖3-42　開新檔案

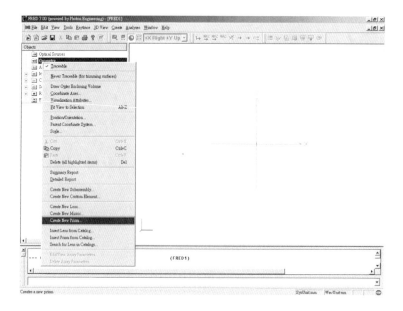

圖3-43　建立稜鏡

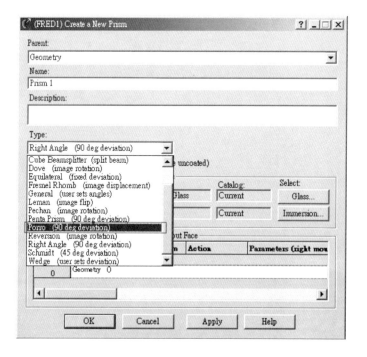

圖3-44　選擇稜鏡型式

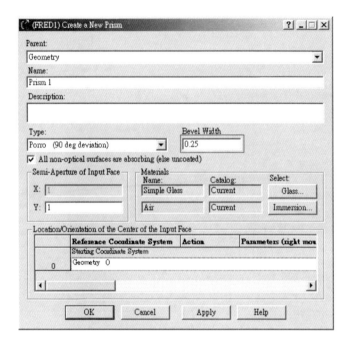

圖3-45　輸入參數

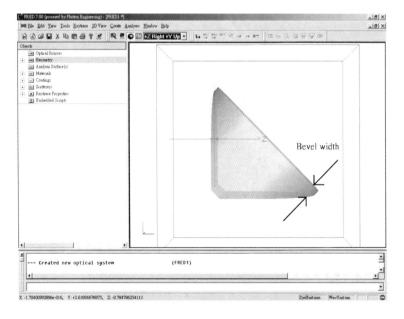

圖3-46　稜鏡的Bevel Width

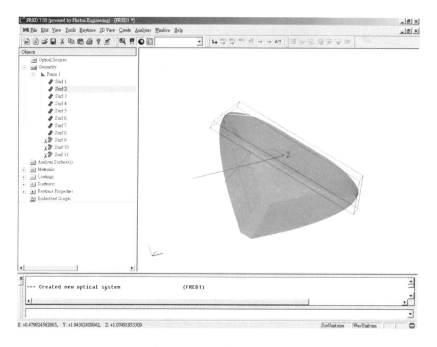

圖3-47　稜鏡的完成圖

　　接著將展示稜鏡的表面的建構方式，請在左側樹狀列的Geometry
> Prism 1 > Surf 2上敲擊滑鼠左鍵兩次，可開啟Edit Surface: "Surf 2"
對話視窗，到Aperture頁面可在Trimming Surface Specification內觀察
此TIR表面的削切設定，是由三個AND (&)與兩個OR (|)所組成，此
表面的運算元是由三個AND分別組成區域A（表面5AND表面9）、
區域B（表面9AND表面10）、以及區域C（表面10AND表面6），
TIR表面則由此三個區域與兩個OR構成，為（區域A）OR（區域B）
OR（區域C），如圖3-48所示。接著在左側樹狀列中，在Geometry >
Prism 1 > Sur 9上敲擊滑鼠右鍵，在下拉式選單中點選Never Traceable
（for trimming surface）（圖3-49），可看見表面9，同理可透過取消
「僅提供削切表面用」的選項來顯示表面10，如圖3-50所示。

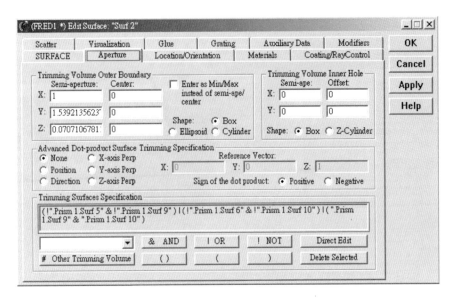

圖3-48　表面的運算元

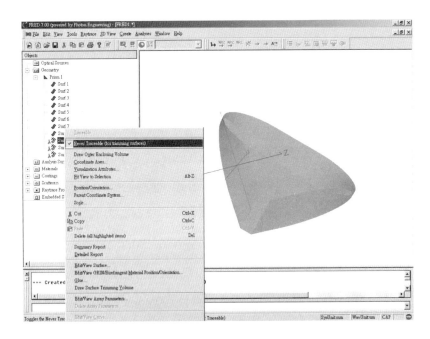

圖3-49　取消隱藏的表面

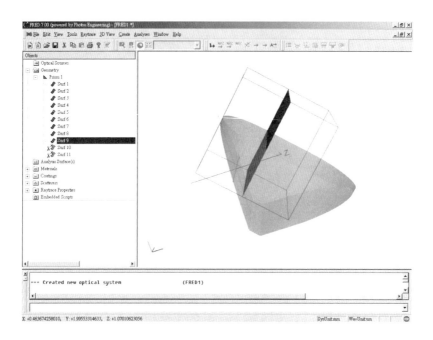

圖3-50　顯示被隱藏的表面

　　第四個小節是介紹如何使用多個曲線，來定義所建立完成的
表面。開啟新檔案，請點選File > New > Fred Type (Ctrl + N)（圖
3-51），新增元件（Element），請在左側樹狀列的Geometry上敲
擊滑鼠右鍵，在跳出的選單中點選Create a Custom Element（圖
3-52），並且在Create a Custom Element對話視窗的Name欄位中輸入
Mirror segment，然後點選OK（圖3-53），接著在左側樹狀列中敲擊
滑鼠右鍵，在下拉式選單中選擇Create New Surface（圖3-54），然
後在Create a New Surface as Child of: "Mirror segment"對話視窗中，
Description欄位中輸入mirror surface，且在Type的下拉式選單中挑選
Conicoid (Sphere, Ellipse, Parabola, Hyperbola, etc.)，和Rad欄位中輸
入20，在Conic欄位中輸入-1，請注意此處預設欄位可能為Curv，可

在空白處敲擊滑鼠右鍵，選擇下拉式選單中Toggle Curvature/Radius
Mode，以更改曲率（Curv）為曲率半徑（Rad），如圖3-55和3-56所
示，接下來切換到Aperture頁面，在Semi-aperture中輸入X, Y, Z = 5,
5, 1，然後點選OK（圖3-57），最後點選樹狀列中Geometry > Mirror
segment > Surface可看見此曲面以及其削切體積，如圖3-58所示。

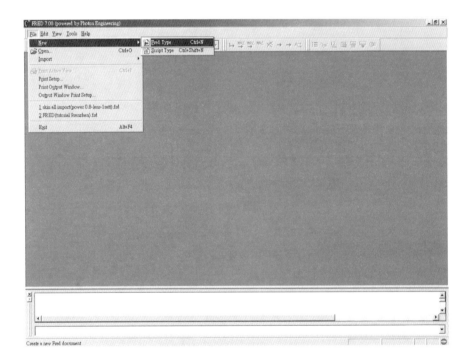

圖3-51

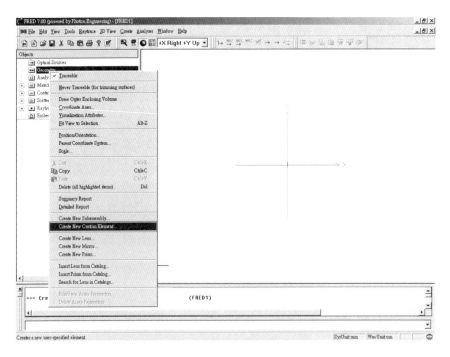

圖3-52　建立新的Element

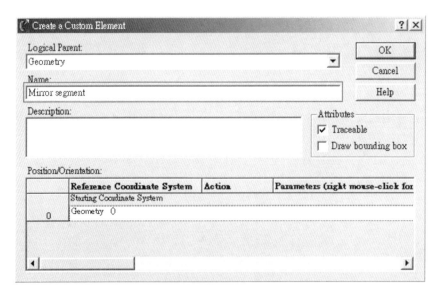

圖3-53　修改名稱

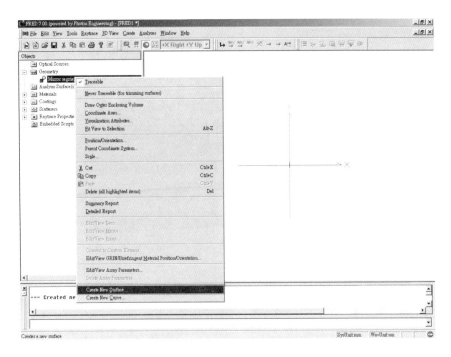

圖3-54　建立新的表面

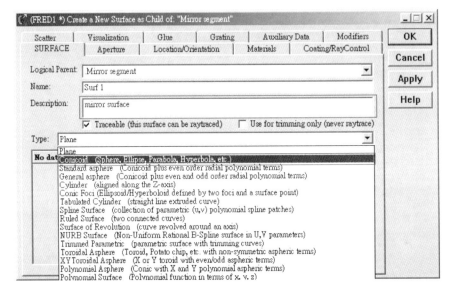

圖3-55　修改表面型式

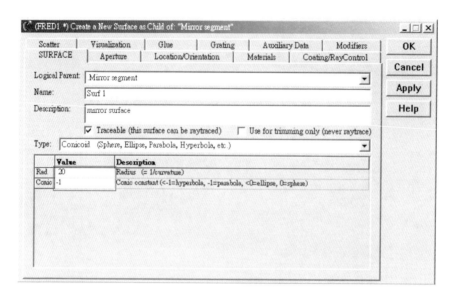

圖3-56　修改參數

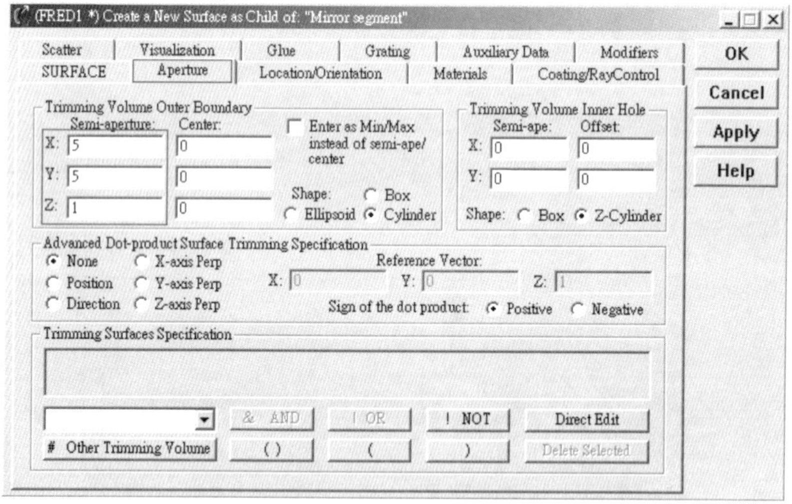

圖3-57　修改孔徑

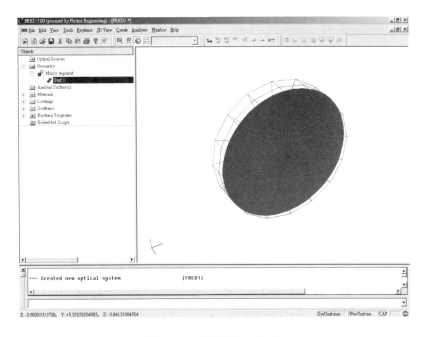

圖3-58　表面建立完成

建立完表面之後，要接著建立第一個曲線，重新定義表面的形狀。首先，在左側樹狀列的Geometry > Mirror segment敲擊滑鼠右鍵，在下拉式選單中選擇Create New Curve（圖3-59），接著在Create a New Curve as Child of: "Mirror segment"對話視窗中，Type的下拉是選單內挑選Segmented (points connected by line segments)，並在下方欄位空白處敲擊滑鼠右鍵，於下拉式選單點選Generate Points，如圖3-60和3-61所示，於Segmented Curve Generation對話視窗中輸入Number of Points Around Generating Curve = 8、X Semiwidth = 5、Y Semiheight = 5，並點選Orientation中的Top edge parallel to x axis，然後點選OK（圖3-62），可觀察到根據設定所自動產生的8個不同位置的切割點，其中第1個與第9個是相同的切割點（圖3-63），切換到

Visualization頁面,請勾選Draw,然後點選OK(圖3-64),可看到所
劃出的正八角形曲線,如圖3-65所示。

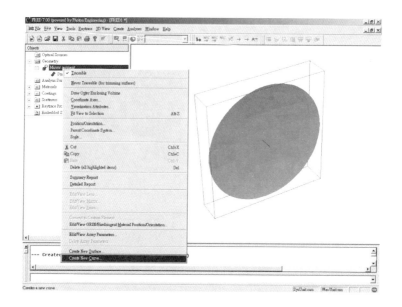

圖3-59　建立新的曲線

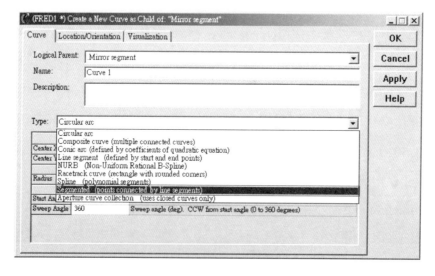

圖3-60　選擇曲線型式

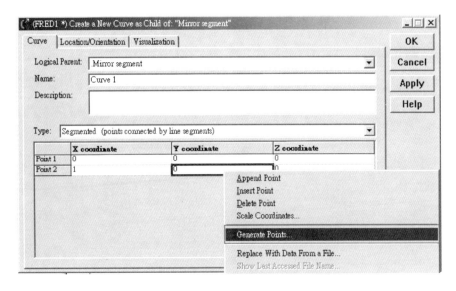

圖3-61　產生曲線的座標

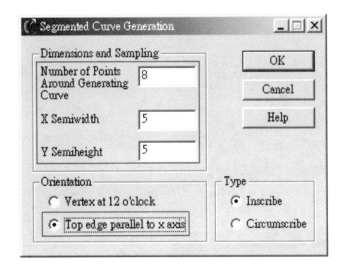

圖3-62　輸入參數

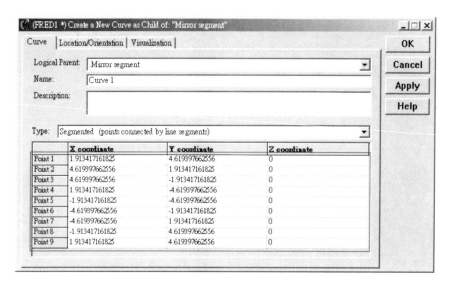

圖3-63　產生完畢

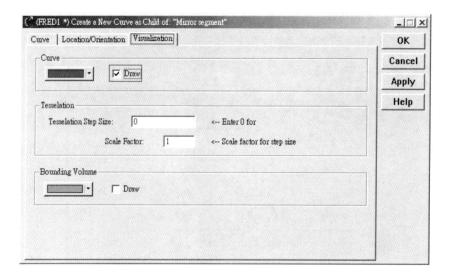

圖3-64　顯示曲線

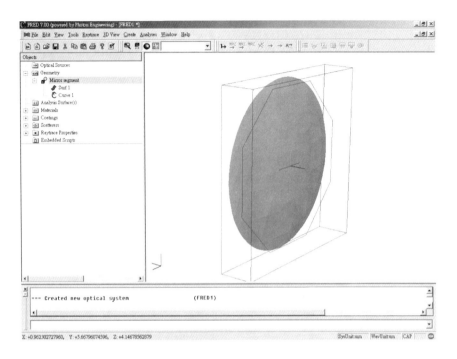

圖3-65　建立曲線完成

　　上述建立的曲線，還未定義此曲線是當作邊緣，還是當作孔徑，因此，接下來是說明如何定義此曲線。首先，在左側樹狀列的Geometry > Mirror segment敲擊滑鼠右鍵，在下拉式選單中選擇Create New Curve，並在Create a New Curve as Child of: "Mirror segment"對話視窗中的Name輸入outer and inner boundaries，並在Type下拉式選單中挑選Aperture curve collection (uses closed curves only)選項，和在Usage欄位中共有Clear Aperture、Edge、Obscuration、與Hole四種功能可選擇，請選擇Clear Aperture，並在Curve Designation (must be closed curve)欄位中選擇.Mirror segment.Curve 1 ()，然後點選OK，如圖3-66到3-68所示，接著在左側樹狀列的Geometry > Mirror segment >

Surf 1上敲擊滑鼠左鍵兩次，可開啟Edit Surface: "Surf 1"對話視窗，
到Aperture頁面設定，可在Trimming Surface Specification的下拉式選
單中挑選.Mirror segment.out and inner boundaries ()，接著點選OK（圖
3-69），可在主視窗右側觀察到原本圓形的曲面變更為正八邊形的曲
面，如圖3-70所示。

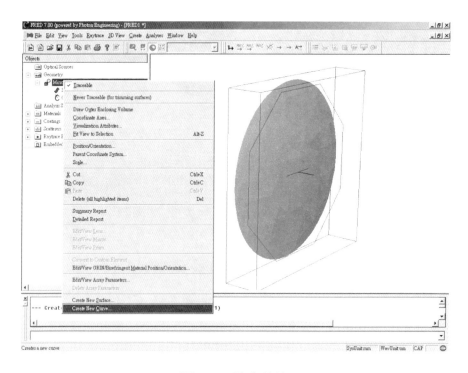

圖3-66　建立曲線

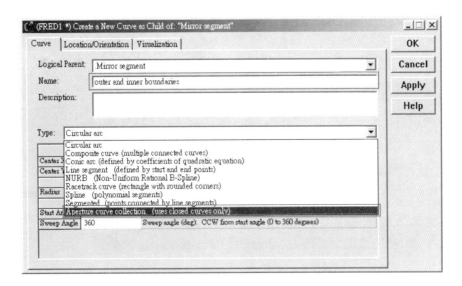

圖3-67　選擇曲線型式

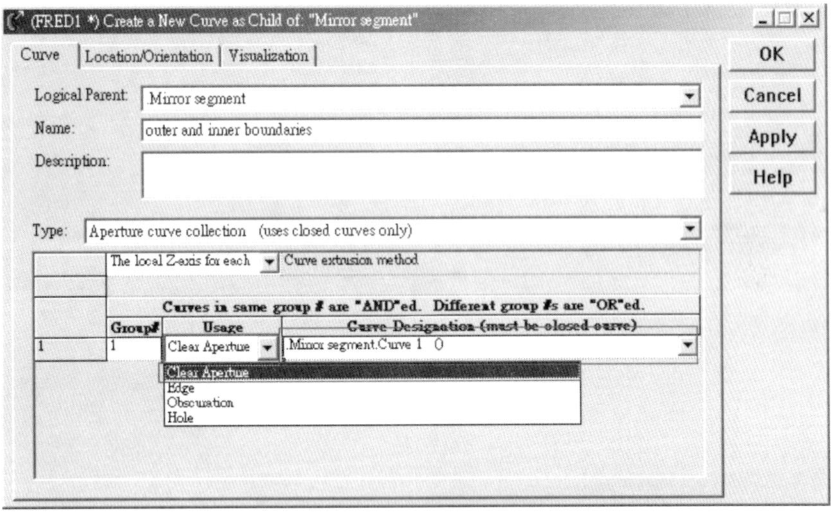

圖3-68　輸入參數

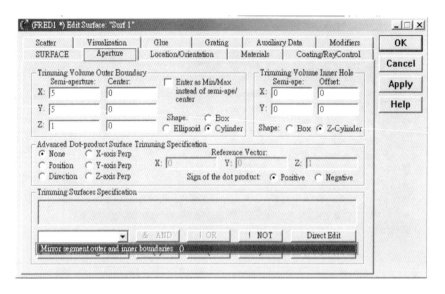

圖3-69　修改削切尺寸

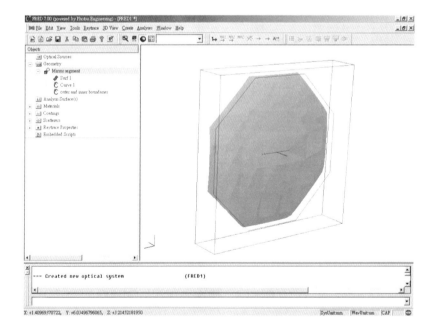

圖3-70　修改表面完成

接著產生第二條曲線，再修改表面的形狀。首先，在左側樹狀列的Geometry > Mirror segment敲擊滑鼠右鍵，在下拉式選單中選擇Create New Curve（圖3-71），並在Create a New Curve as Child of: "Mirror segment"對話視窗中，Type挑選Segmented (point connected by line segments)，並在下面表格空白處敲擊滑鼠右鍵，點選Generate Points（圖3-72），然後在Segmented Curve Generation中，設定Number of Points Around Generating Curve為8，在Orientation選擇Top edge parallel to x axis，然後點選OK（圖3-73），回到Create a New Curve as Child of: "Mirror segment"對話視窗中，點選OK（圖3-74），可在右側看到曲線2的削切體積，但因為沒有在Create a New Curve as Child of: "Mirror segment"對話視窗中的Visualization頁面內勾選Draw，因此無法看到此曲線，如圖3-75所示。接著定義此曲線的功用，請在左側樹狀列的Geometry > Mirror segment > outer and inner boundaries上敲擊滑鼠左鍵兩次，可開啟Edit Curve: "outer and inner boundaries"對話視窗，在下方表格中敲擊滑鼠右鍵，在下拉式選單中點選Append Curve Row，如圖3-76所示。在新增的列中設定Usage為Hole、Curve Designation (must be closed curve)內挑選.Mirror segment. Curve 2 ()，然後點選OK（圖3-77），可看到由曲面2所描繪的孔徑，如圖3-78所示。

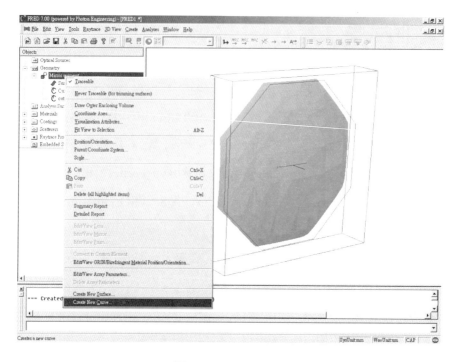

圖3-71　建立曲線

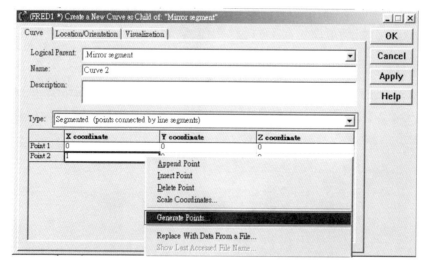

圖3-72　產生曲線的座標

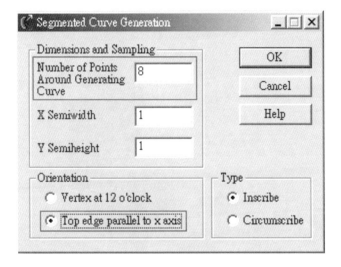

圖3-73　輸入參數

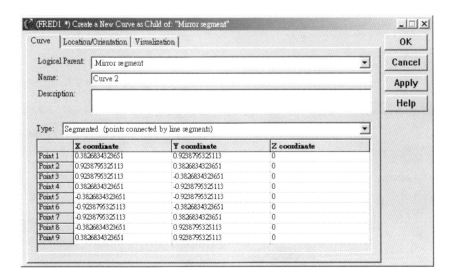

圖3-74　產生完畢

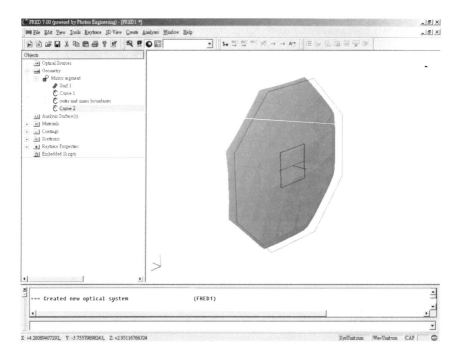

圖3-75　建立曲線完成

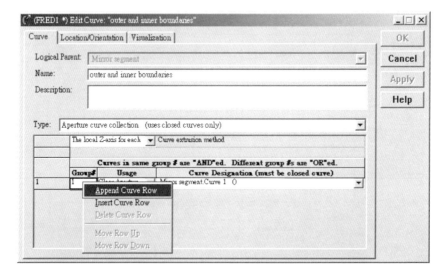

圖3-76　定義曲線的功用

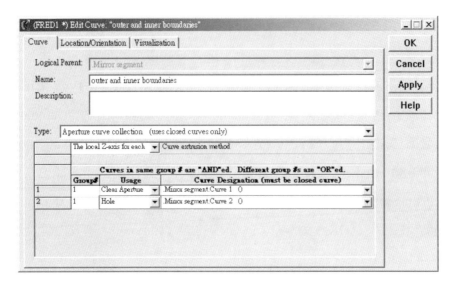

圖3-77　定義曲線的功用

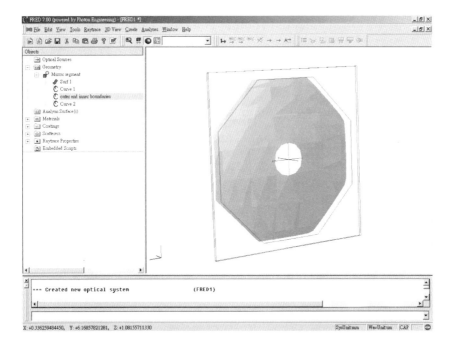

圖3-78　修改表面完成

　　第五個小節是整合上述四個小節，建立一個範例給使用者練習。

　　使用上述方法，利用多個曲線建立一個模型的側邊，首先先建立第一條曲線，開啟新檔案，請點選File > New > Fred Type (Ctrl + N)（圖3-79），新增元件（Element），請在左側樹狀列的Geometry上敲擊滑鼠右鍵，在跳出的選單中點選Create New Custom Element（圖3-80），在Create a Custom Element對話視窗的Name欄位中輸入Pentagonal prism、在Description欄位中輸入5 sided block w/central hole，然後點選OK（圖3-81），新增曲線（Curve），請在左側樹狀列的Geometry > Pentagonal prism上敲擊滑鼠右鍵，在跳出的選單中點選Create New Curve（圖3-82），在Create a New Curve as Child of: "Pentagonal Prism"對話視窗中，於Name欄位內輸入Outer pentagon，並在Type中挑選Segmented (points connected by line segments（圖3-83），在Type下方的表格空白處敲擊滑鼠右鍵，點選下拉式選單的Generate Points（圖3-84），於Segmented Curve Generation對話視窗中，於Dimensions and Sampling內輸入，Number of Points Around Generating Curve = 5、X Semiwidth = 3、Y Semiheight = 3，然後點選OK（圖3-85），可在表格內看到五個不同的取樣位置（第1與第6是相同的取樣位置）（圖3-86），切換到Visualization頁面，勾選Draw，然後點選OK（圖3-87），可以在主視窗右側看到五角形的曲線，如圖3-88所示。

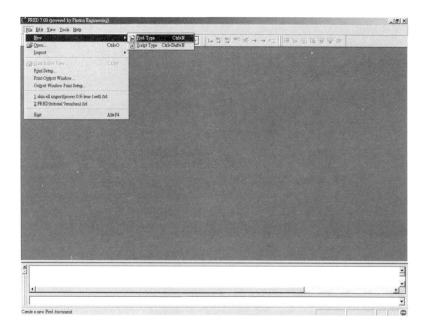

圖3-79　開新檔案

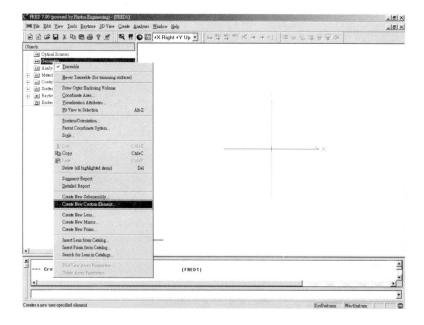

圖3-80　建立新的Element

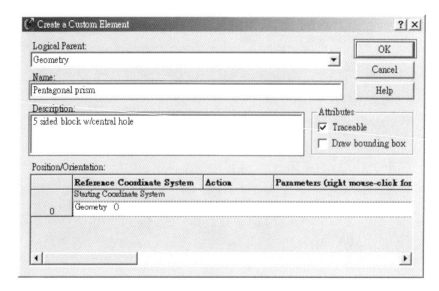

圖3-81　輸入名稱

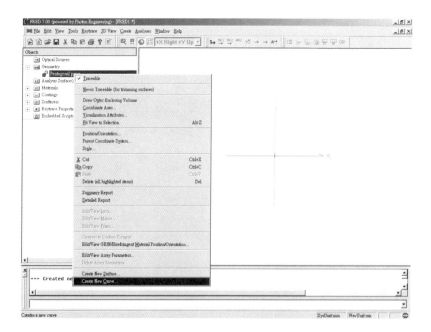

圖3-82　建立曲線

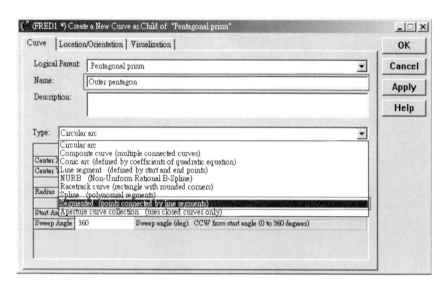

圖3-83　選擇曲線型式

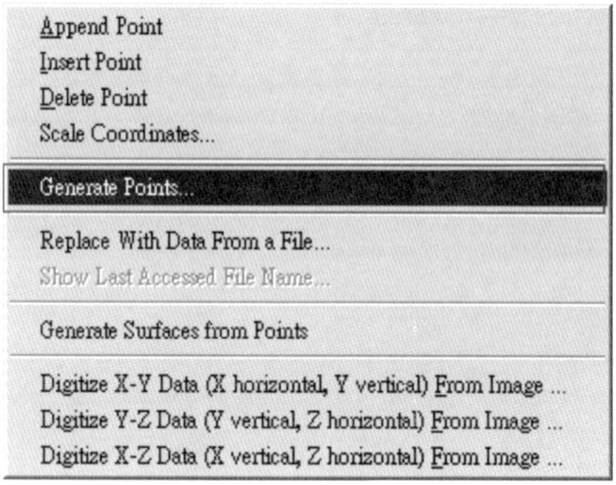

圖3-84　產生曲線座標

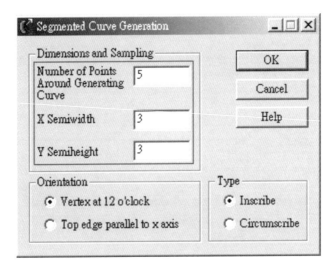

圖3-85　輸入參數

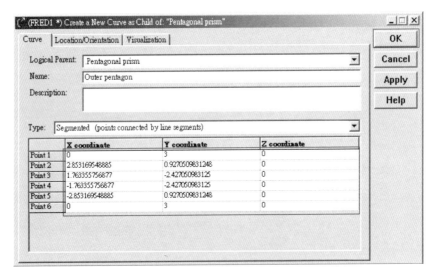

圖3-86　產生完畢

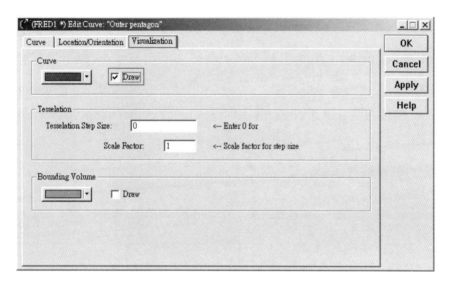

圖3-87　顯示曲線

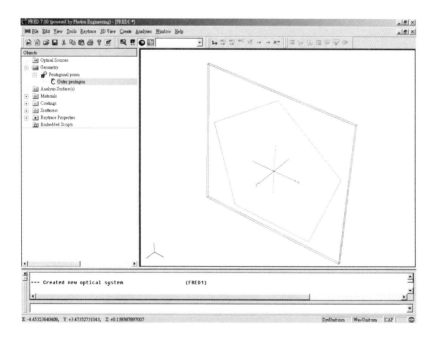

圖3-88　建立曲線完成

　　接著建立第二條曲線（Curve），請在左側樹狀列的Geometry >
Pentagonal prism上敲擊滑鼠右鍵，在跳出的選單中點選Create New
Curve（圖3-89），在Create a New Curve as Child of: "Pentagonal
Prism"對話視窗中，於Name欄位內輸入Inner circle（圖3-90），切換
到Visualization頁面，勾選Draw，然後點選OK（圖3-91），可以在主
視窗右側看到五角形以及內部圓形的曲線，如圖3-92所示。

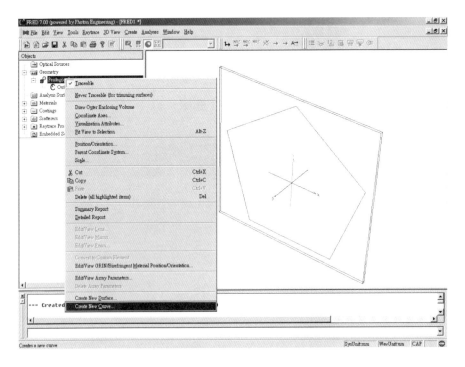

圖3-89　建立曲線

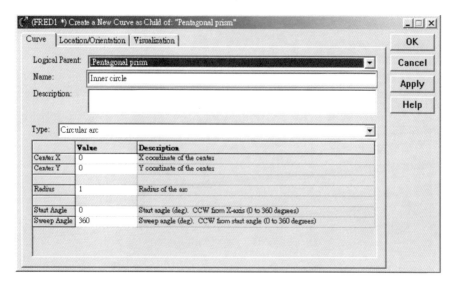

圖3-90　輸入名稱

圖3-91　顯示曲線

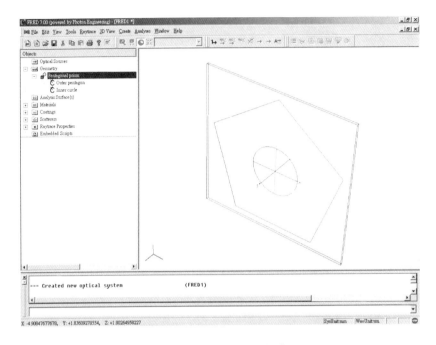

圖3-92　建立曲線完成

　　再新增一條曲線（Curve），是將上述的兩條曲線合併且定義
曲線的功用。請在左側樹狀列的Geometry > Pentagonal prism上敲
擊滑鼠右鍵，在跳出的選單中點選Create New Curve（圖3-93），
在Create a New Curve as Child of: "Pentagonal prism"對話視窗中，
輸入Name為Aperture curve、Description為composite of pentagon and
circle，並在Type的下拉式選單中挑選Aperture curve collection (uses
closed curves only)（圖3-94），在Type下方空白欄位中敲擊滑鼠右
鍵，點選下拉式選單的Append Curve Row（圖3-95），請在第一列中
挑選Usage為Clear Aperture、Curve Designation (must be closed curve)
為.pentagonal prism.Outer pentagon ()，第二列中挑選Usage為Hole、
Curve Designation (must be closed curve)為.pentagonal prism.Inner
pentagon ()，接著點選OK，如圖3-96所示。

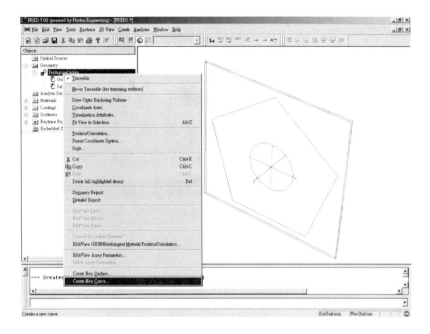

圖3-93　建立曲線

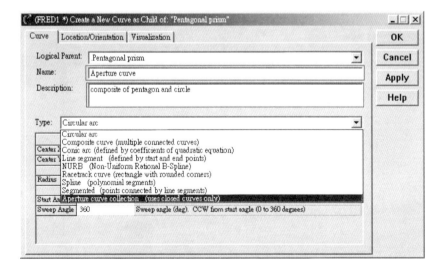

圖3-94　選擇建立曲線的型式

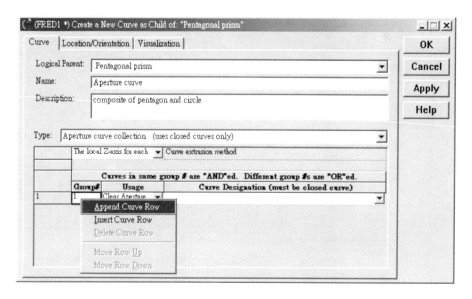

圖3-95　輸入參數

圖3-96　輸入參數

接著新增表面（Surface），使用上述建立的第一條曲線，來建立側面，請在左側樹狀列的Geometry > Pentagonal prism上敲擊滑鼠右鍵，在跳出的選單中點選Create New Surface（圖3-97），請在Create a New Surface as Child of: "Pentagonal prism"對話視窗中，輸入Name欄位為Prism outside，並挑選Type為Tabulated Cylinder (straight line extruded curve)（圖3-98），在Directrix Curve內挑選.Pentagonal prism. Outer pentagon ()（圖3-99），請輸入Z Direction = 2（圖3-100），請切換到Aperture頁面，在Trimming Volume Outer Boundary內先勾選Enter as Min/Max instead of semi-ape/center，並輸入Min為X, Y, Z = -5, -5, 0、Max為X, Y, Z = 5, 5, 2，然後點選OK（圖3-101），可在主視窗右側觀察到五邊形的孔徑，如圖3-102所示。

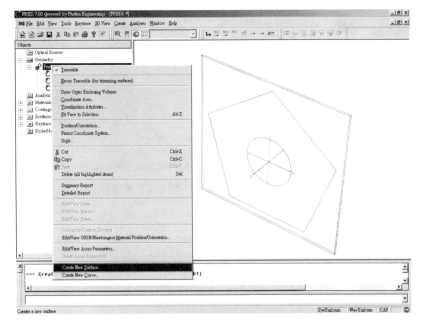

圖3-97　新增表面

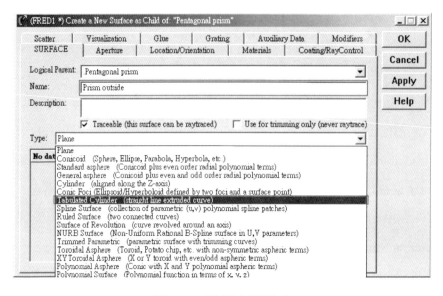

圖3-98　選擇表面型式

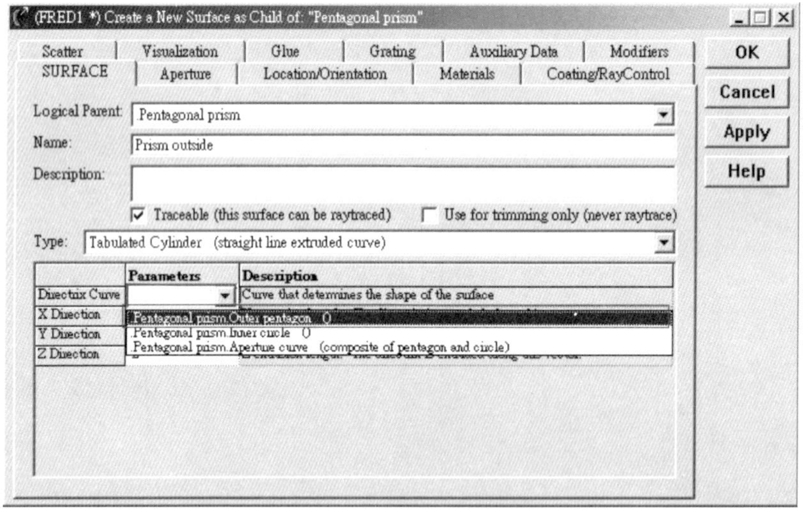

圖3-99　輸入參數

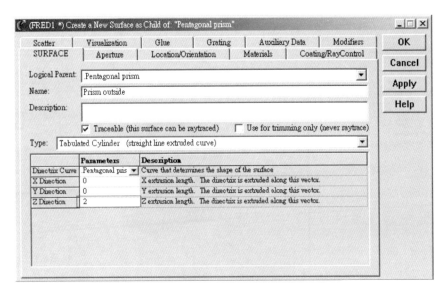

圖3-100　輸入參數

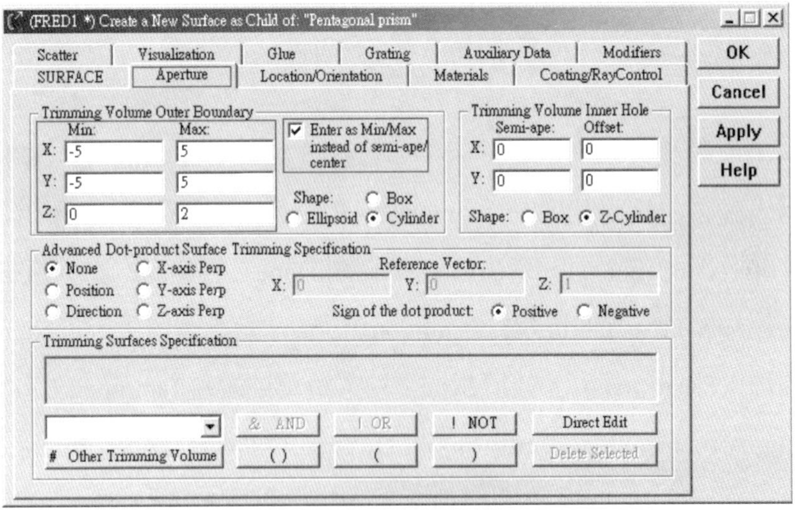

圖3-101　修改孔徑

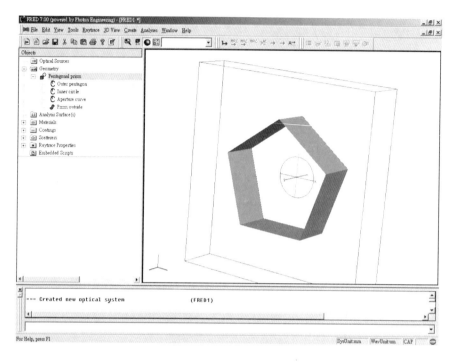

圖3-102　建立表面完成

　　新增表面（Surface），使用上述建立的第二條曲線，來建立
側面，請在左側樹狀列的Geometry > Pentagonal prism上敲擊滑鼠右
鍵，在跳出的選單中點選Create New Surface（圖3-103），在Create
a New Surface as Child of: "Pentagonal prism"對話視窗中，於Name欄
位內輸入Prism inside，並於Type下拉式選單中挑選Tabulated Cylinder
(straight line extruded curve)。在Directrix Curve內挑選.Pentagonal
prism.Inner pentagon ()，然後在Z Direction輸入2（圖3-104），請跳
到Aperture頁面，在Trimming Volume Outer Boundary下面勾選Enter as
Min/Max instead of semi-ape/center，並設定Min為X, Y, Z = -1.1, -1.1,
0，Max為X, Y, Z = 1.1, 1.1, 2，然後點選OK（圖3-105），可在主視

窗右側看到兩個邊界，正五邊形與圓形，如圖3-106所示。

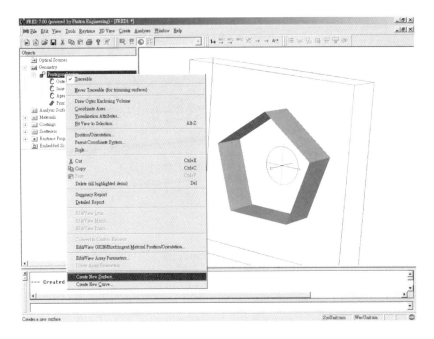

圖3-103　建立表面

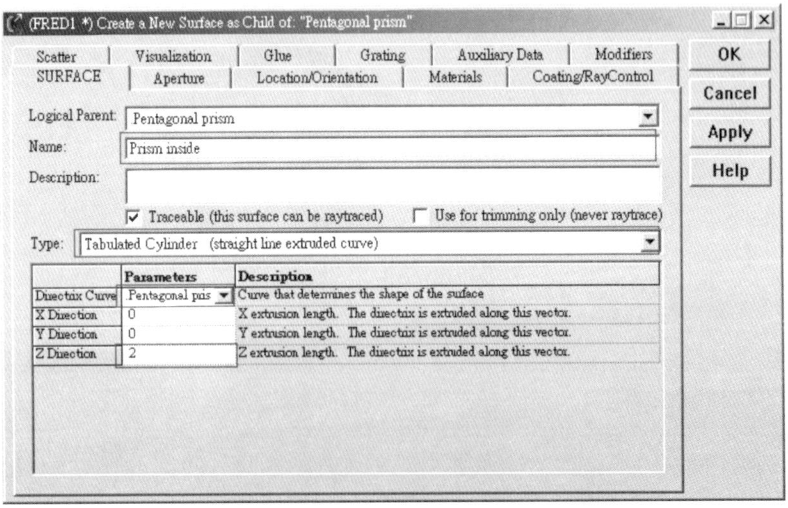

圖3-104　輸入參數

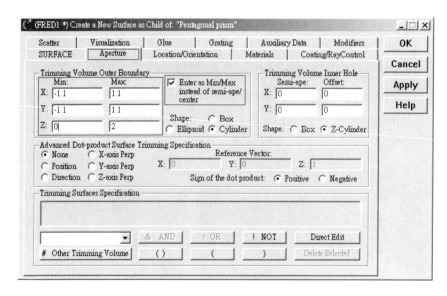

圖3-105　修改孔徑

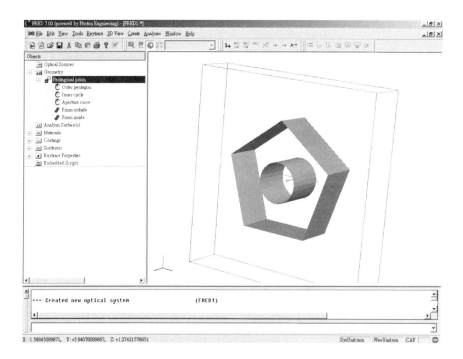

圖3-106　建立表面完成

　　接下來要使用上述建立的第三條曲線，來建立模型的前表面。請在左側樹狀列的Geometry > Pentagonal prism上敲擊滑鼠右鍵，在跳出的選單中點選Create New Surface（圖3-107），在Create a New Surface as Child of: "Pentagonal prism"對話視窗中，輸入Name欄位為Front face（圖3-108），跳到Aperture頁面，請設定Semi-aperture為X, Y, Z = 5, 5, 0.1，並在Trimming Surface Specification內下拉是選單中選擇Pentagonal prism Aperture curve (composite of pentagon and circle)，接著點選OK（圖3-109），可在主視窗右側看到前表面，由於預設的顯示棋盤格數（tessellation，即顯示的精細度）較低，因此在邊緣會看見破損，但此破損並不影響模擬結果，可透過增加棋盤格數來增加顯示的精細度，不過會降低系統效能，如圖3-110所示。

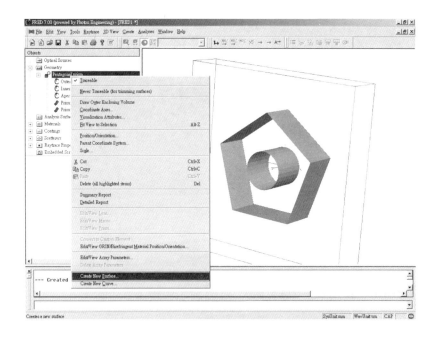

圖3-107　建立表面

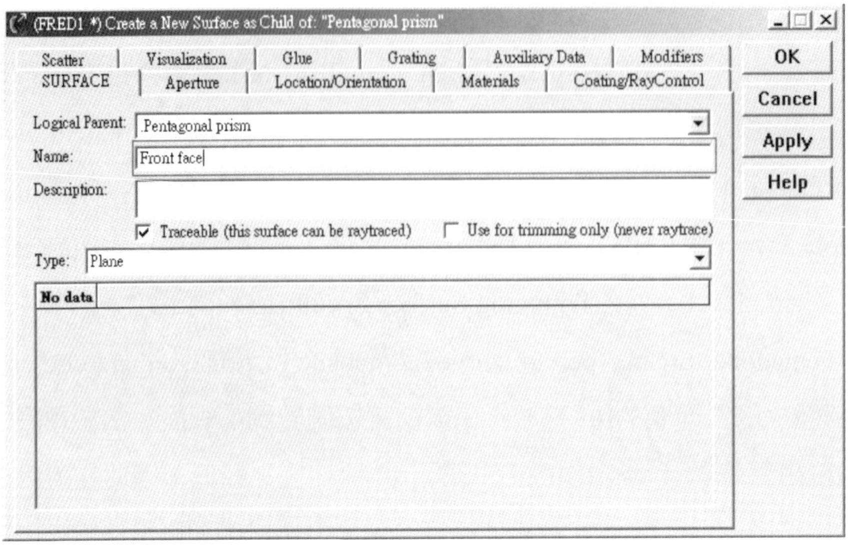

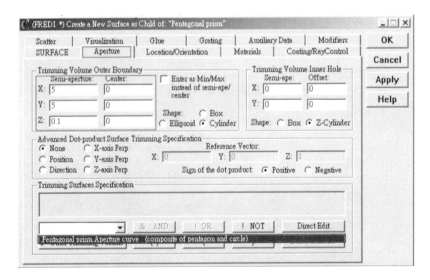

圖3-108　輸入名稱

圖3-109　修改削切參數

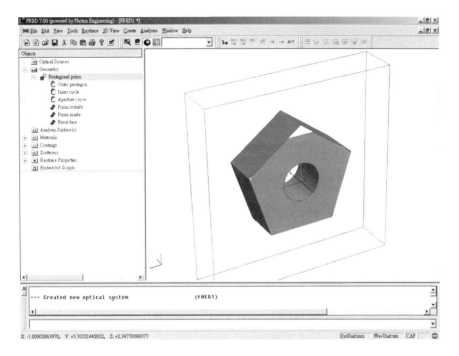

圖3-110　建立表面完成

　　接著修改前表面的精細度，在左側樹狀列中的Geometry ＞ Pentagonal prism ＞ Front face上敲擊滑鼠右鍵，選擇選單中的 Visualization Attributes（圖3-111），在Visualization Attributes對話視 窗中，勾選Tessellation (Number of Triangles)中的Reset Tessellation， 並選擇Scale為increase 27x（圖3-112），可在主視窗右側看到無顯 示破損的前表面，接著新增後表面（圖3-113），請在左側樹狀列的 Geometry ＞ Pentagonal prism上敲擊滑鼠右鍵，在跳出的選單中點選 Create New Surface，如圖3-114所示。

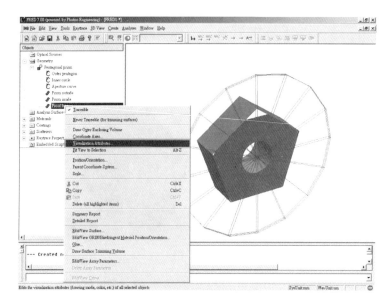

圖3-111　修改表面精細度

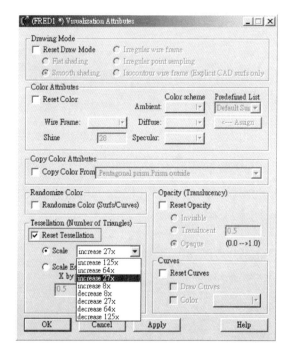

圖3-112　輸入參數

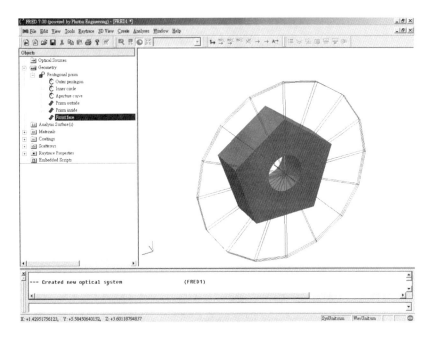

圖3-113　完成修改表面顯示設定

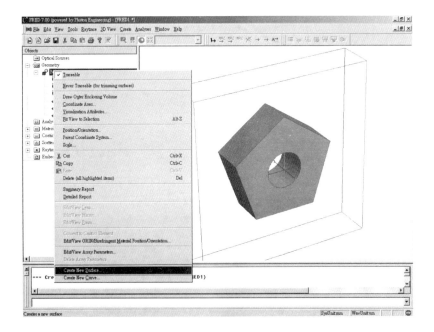

圖3-114　新增表面

接著同樣使用第三條曲線，來建立模型的後表面，在Create a New Surface as Child of: "Pentagonal prism"對話視窗中，輸入Name欄位為Back face（圖3-115），切換到Aperture頁面，輸入Semi-aperture為X, Y, Z = 5, 5, 0.1，並在Trimming Surface Specification挑選.Pentagonal prism.Aperture curve (composite of pentagon and circle)（圖3-116），然後切到Location/Orientation頁面，請在下方空白欄位敲擊滑鼠右鍵，點選選單內的Append（圖3-117），請在Z欄位輸入2，然後點選OK（圖3-118），可在主視窗右側看到完整的幾何模型，同樣可以透過Visualization Attributes視窗調整顯示的棋盤格數（Tessellation）以修補後表面的顯示破損，如圖3-119所示。

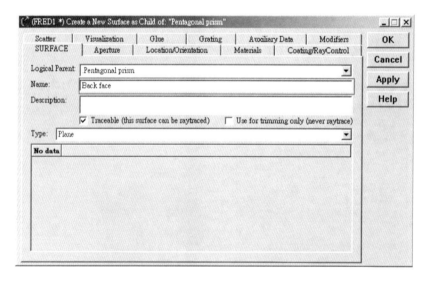

圖3-115　輸入名稱

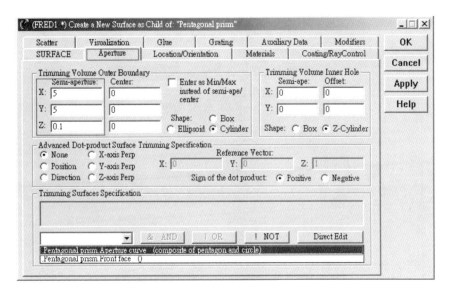

圖3-116　設定削切參數

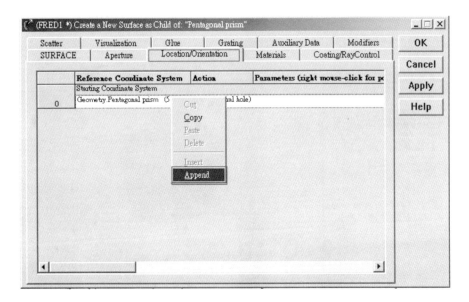

圖3-117　設定位置

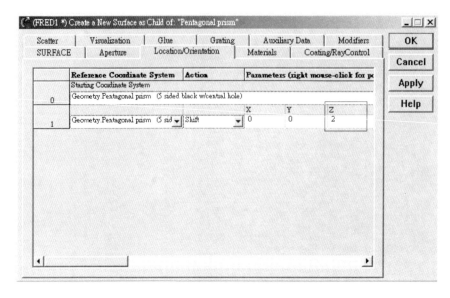

圖3-118　修改位置參數

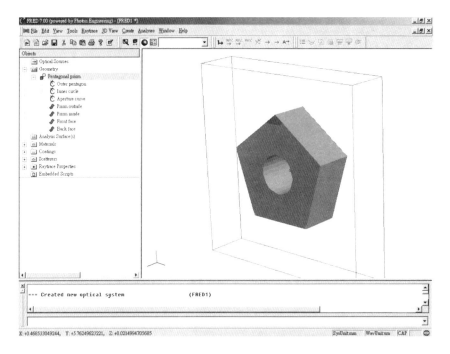

圖3-119　完成表面建立

使用同樣的步驟，來修改後表面的精細度之外，並可修改顯示的顏色和透明度，在左側樹狀列中Geometry > Pentagonal Prism上敲擊滑鼠右鍵，點選選單中的Visualization Attibutes（圖3-120），請在Visualization Attributes對話視窗中，勾選Color Attributes中的Reset Color，並設定Shine為128、挑選Predefined List為Tan，接著勾選Opacity (Translucency) 內的Rest Opacity，最後點選OK，如圖3-121所示。

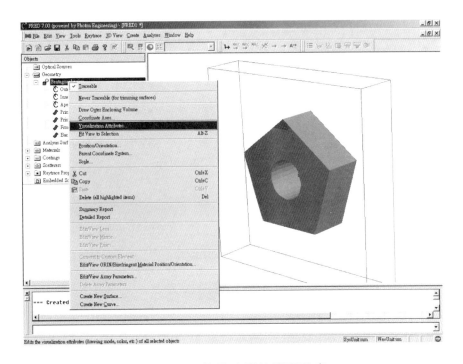

圖3-120　修改表面的顯示設定

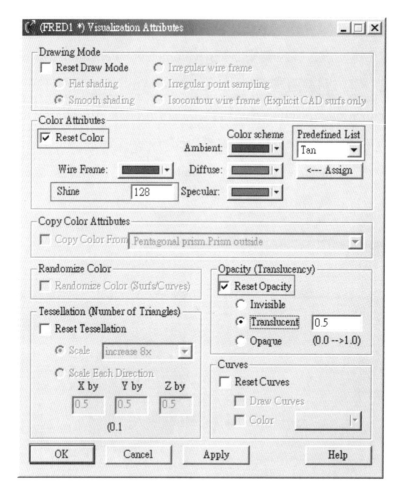

圖3-121　修改表面設定參數

接著定義模型的材料，在左側樹狀列Material上敲擊滑鼠右
鍵，點選選單的Add Glass Catalog Material（圖3-122），在Material
Listing/Selection對話視窗中挑選N-SF6，然後點選OK（圖3-123），
左側樹狀列中可看見，Material下多了N-SF6。在N-SF6上按住滑鼠左
鍵，並拖曳到Geometry ＞ Pentagonal Prism上放開滑鼠（圖3-124），
在Set Material視窗內點選OK（圖3-125），請以相同的方式拖曳

Coatings > Transmit以及Raytrace Properties > Transmit Specular到
Geometry > Pentagonal Prism上，如圖3-126所示。

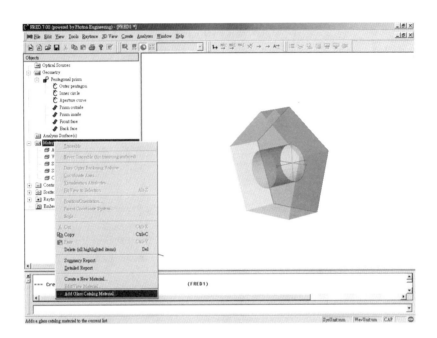

圖3-122　新增材料特性

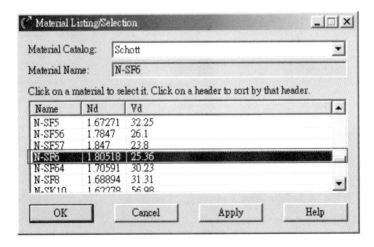

圖3-123　新增N-SF6材料

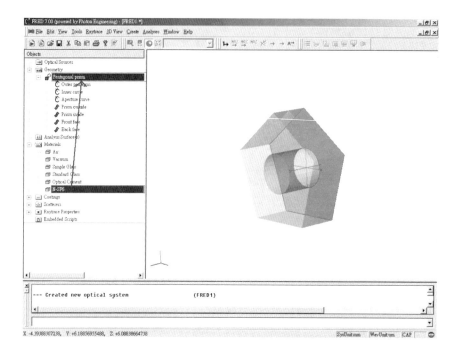

圖3-124　套用材料參數

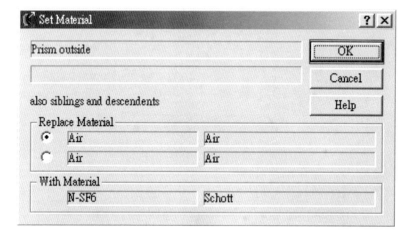

圖3-125　設定材料參數

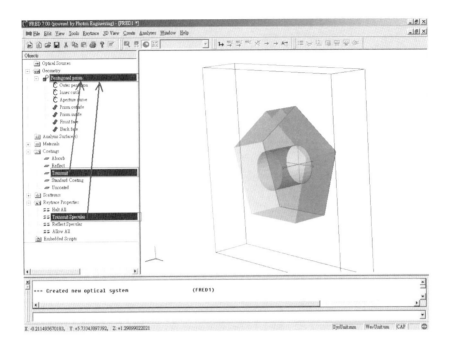

圖3-126　設定模型的光學特性

　　最後新增光源，請在左側樹狀列上Optical Source上敲擊滑鼠右鍵，點選選單中的Create New Simplified Optical Source（圖3-127），請在Create a New Soruce對話視窗中，設定X num為5、Y num為5、X semi為0.1、Y semi為0.1，並在Location/Orientation下方空白欄位中敲擊滑鼠右鍵，點選選單中的Append（圖3-128），請在新增的列上選擇Action為Rotate about Y-axis，並設定Y-angle (deg)為-90（圖3-129），請再新增一列，並輸入X = 6、Z = 1，接著在Wavelength List內分別挑選0.4046561、0.4799914、0.5460740、0.5892938、0.6438468、以及0.7065188，然後在空白處敲擊滑鼠右鍵，點選Set All Colors From Wavelengths（圖3-130），最後點選工具列中Trace and Render (Ctrl+Shift+F7) 以進行光線追跡與描光，如圖3-131所示。

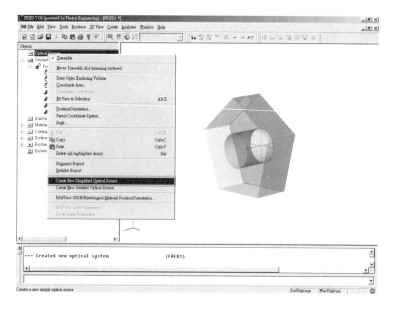

圖3-127　建立光源

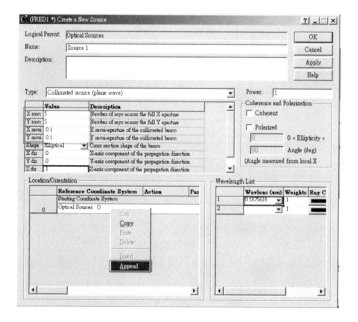

圖3-128　輸入光源參數

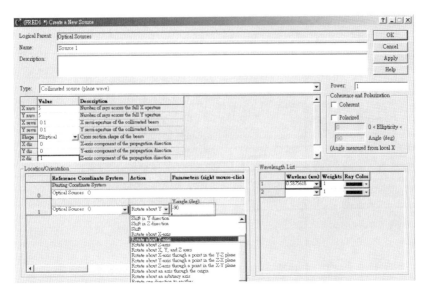

圖3-129　設定位置

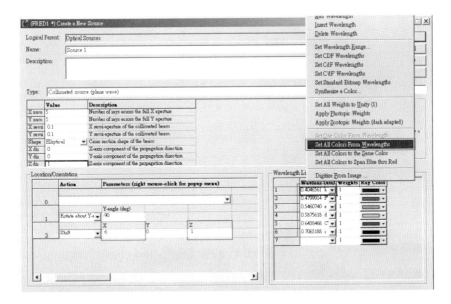

圖3-130　設定光源波長

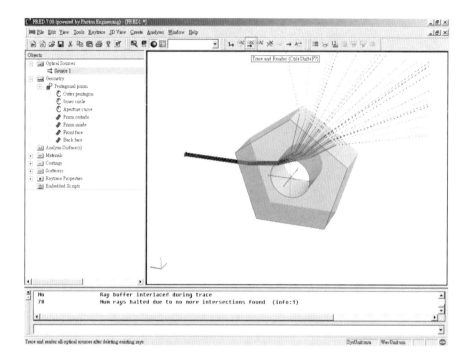

圖3-131　光線追跡

第四章

自定物件範例
（Custom Elements
Example）

4.1　課程大綱

本章節是說明使用者如何使用客製化物件（Custom Element）。

· 編輯透鏡的表面

· 轉換將透鏡Element為客製化物件

· 如何將透鏡轉化為曼金鏡（Mangin mirror）

· 定義多層鍍膜教學

· 理想化表面特性及多層膜的差異

· 建立長方體和三角形稜鏡的模型

· 兩個物件的表面進行膠合

· 受抑內全反射（Frustrated total internal reflection, FTIR）範例

4.2　課程簡介

本章的重點是說明如何重新編輯FRED建立的元件，和如何將兩個物件的表面進行膠合的動作，如圖4-1所示。

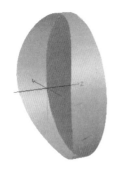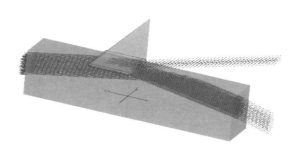

圖4-1　系統架構圖

4.3　光學系統建立流程及模擬結果分析

　　使用FRED的內建指令，建立一個透鏡（圖4-2），建立完成之後，其實體顯示圖，如圖4-3所示。接著編輯透鏡的表面，使用滑鼠右鍵，點選Toric Lens物件的Surface 1，會出現一個選單，點選選單中的Edit/View Surface，會出現Edit Surface的對話視窗，選擇建立表面的型式為XYToroidal Asphere（圖4-4），緊接著會跳出一個視窗，點選Yes（圖4-5），接下來就是編輯Toric Lens物件的表面Surface 1，修改表面參數（圖4-6），修改完之後，透鏡的側表面，即Toric Lens物件的Edge表面，不會因為修改透鏡的Surface 1同步進行修正，因此，接下來要將透鏡的側表面進行修改，如圖4-7所示。

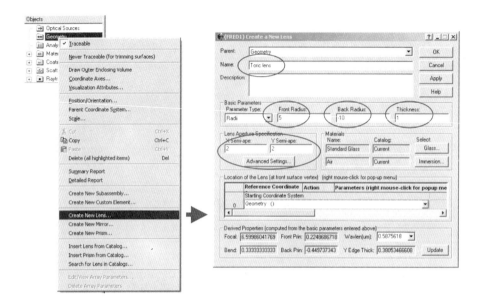

圖4-2　建立透鏡

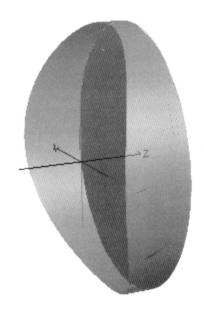

圖4-3　透鏡

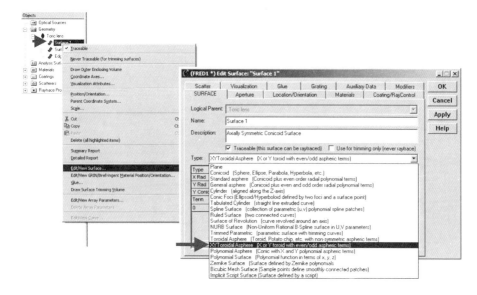

圖4-4　修改透鏡的表面

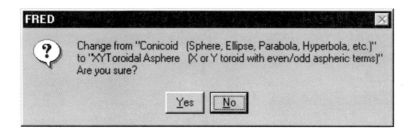

圖4-5　是否要修改透鏡表面對話框

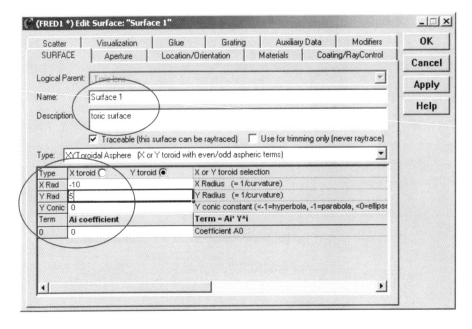

圖4-6　輸入透鏡參數

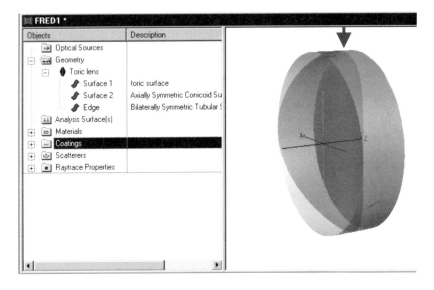

圖4-7　修改透鏡表面的完成圖

選擇Edit/View Surface修改透鏡的側表面的削切設定，使用Toric Lens物件的Surface 1來削切透鏡的側表面（圖4-8），修改完成之後，如圖4-9所示。

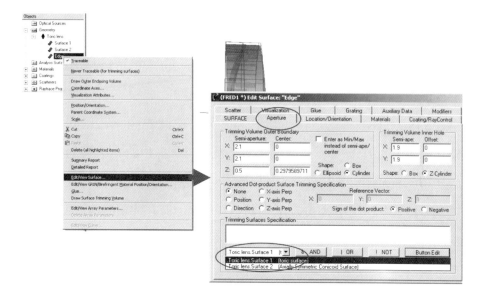

圖4-8　削切透鏡的Edge表面

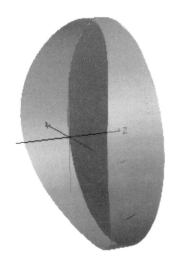

圖4-9　修改透鏡的完成圖

接下來要介紹如何建立Wedged Lens，首先，使用FRED的內建指令建立一個透鏡，如圖4-10和4-11所示，雖然使用FRED內建的Lens、Mirror及Prism指令來建立模型是非常方便的，但是相對的也附加了一些限制，例如：建立Lens及Mirror時，Surface 1和Surface 2必須在同軸上，且垂直於該軸，因此，這就是導入Custom Elements功能的原因。選擇Convent to Custom Element，將透鏡轉成Custom Elements（圖4-12），接著就可以進行編輯此透鏡，首先就是先將透鏡的Surface 1移動之後，再將其旋轉，使此表面不在軸向上，即Surface 1和Surface 2不在同軸上，如圖4-13和4-14所示，接著分別修改透鏡的Surface 2和Edge表面的孔徑，使此兩個表面有交會的部份，如圖4-15和4-16所示，再分別削切透鏡的Surface 2和Edge表面，如圖4-17和4-18所示，完成之後，如圖4-19所示。

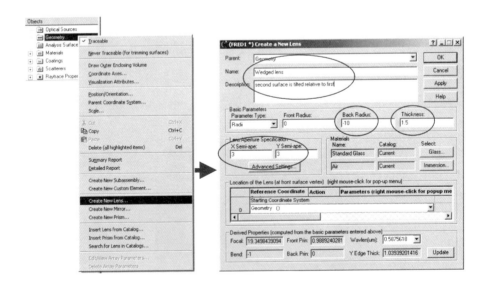

圖4-10　建立透鏡

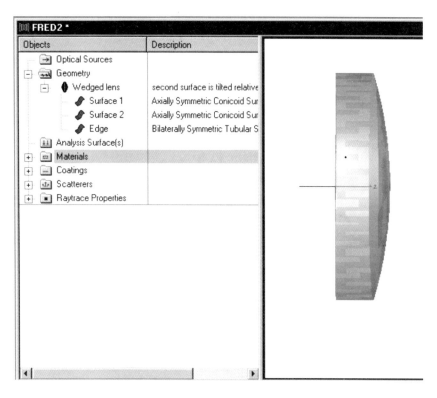

圖4-11　透鏡

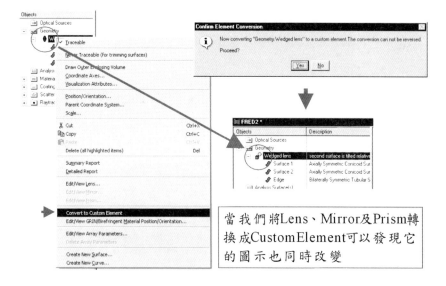

圖4-12　物件轉成Custom Elements

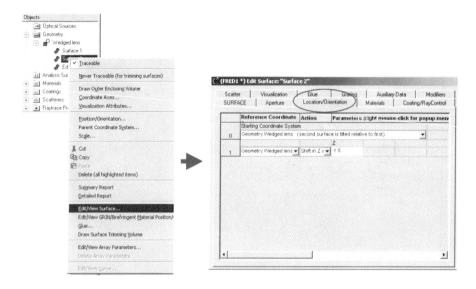

圖4-13　位置設定

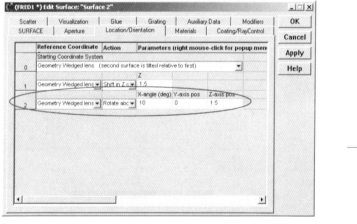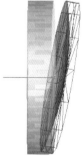

圖4-14　旋轉和移動透鏡表面

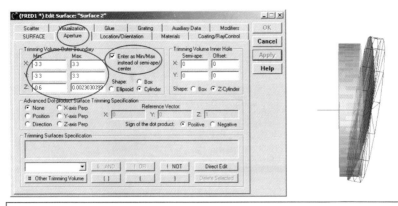

要如何將second surface與整個透鏡結合，首先將edge的部份延伸到超出斜面，再把edge與surface作布林代數運算

圖4-15 修改透鏡的Surface 2的孔徑

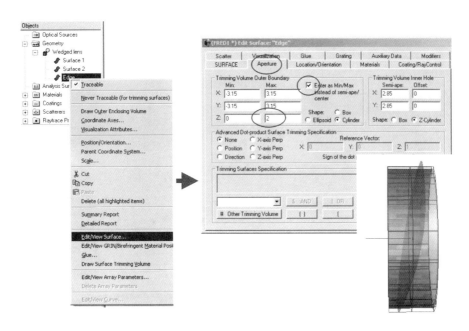

圖4-16 修改透鏡的Edge表面的孔徑

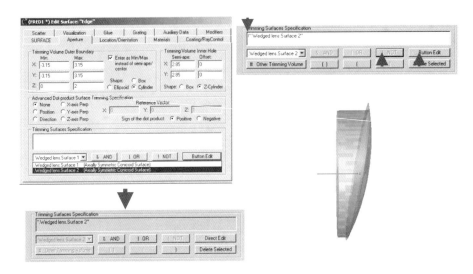

圖4-17　削切透鏡的Edge表面

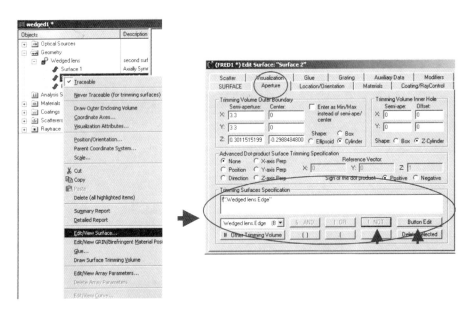

圖4-18　削切透鏡的Surface 2

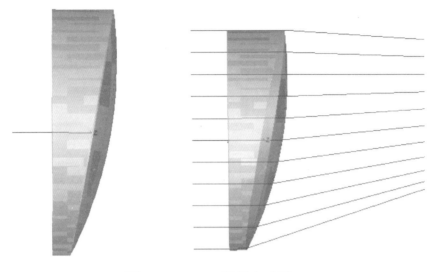

圖4-19　Wedged透鏡完成圖

接下來要介紹的是如何使用FRED建立Mangin反射鏡，首先，先使用FRED的內建指令建立一個透鏡，其透鏡的尺寸和材料，如圖4-20和4-21所示，接著修改透鏡的孔徑（圖4-22），完成之後，如圖4-23所示。

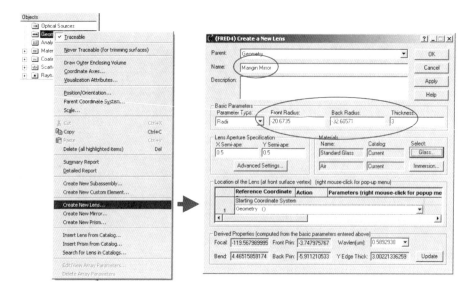

圖4-20　建立反射鏡

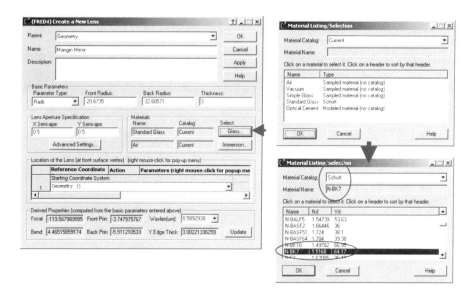

圖4-21　設定反射鏡材料

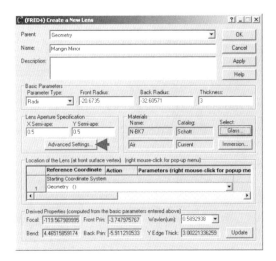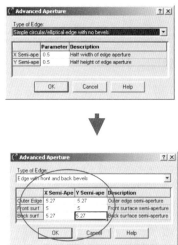

圖4-22　設定反射鏡的孔徑

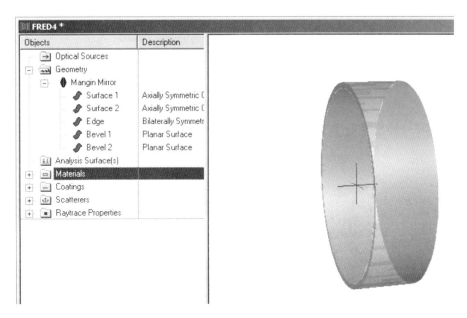

圖4-23　建立反射鏡完成

　　接下來我們要建立的東西是反射鏡的多層膜，是用材料MgF2
和ZnS所組成，多層膜的鍍膜順序為$(L/2 \ H \ L \ H \ L \ H \ L/2)^3$，其中L為
MgF2，H為ZnS。在FRED建立多層膜時，材料庫中必須要有鍍膜的
材料，因此，選擇Create a New Material，先建立鍍膜的材料MgF2和
ZnS，並輸入材料的名稱和折射率，如圖4-24和4-25所示。

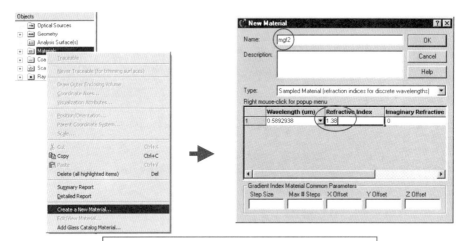

許多分散性材料如dispersive materials被
用在多層鍍膜上的材料上

圖4-24　建立MgF2材料

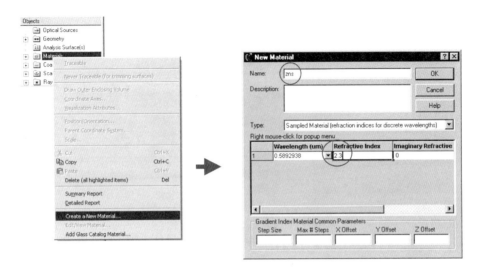

圖4-25　建立ZnS材料

　　有了鍍膜的材料之後，就可以建立反射鏡的多層膜，首先，選擇Create a New Coating，輸入鍍膜的名稱，和選擇鍍膜的形式是Thin Film Layered Coating（圖4-26），再選擇厚度的單位為Waves、輸入第一層膜的厚度0.125，和其材料為MgF2（圖4-27），再輸入第二層膜的厚度0.25和材料為ZnS（圖4-28），再依照多層膜的鍍膜順序(L/2 H L H L H L/2)，設定其餘的鍍膜層（圖4-29），接著將第一層到第七層的鍍膜進行Group（圖4-30），並在Repeat Count欄位輸入3，即完成(L/2 H L H L H L/2)^{3}的鍍膜層的設定（圖4-31），接下來再輸入L、H在QWOT膜層設定的參考波長為0.5um，就完成了反射鏡的多層膜的建立，如圖4-32所示。

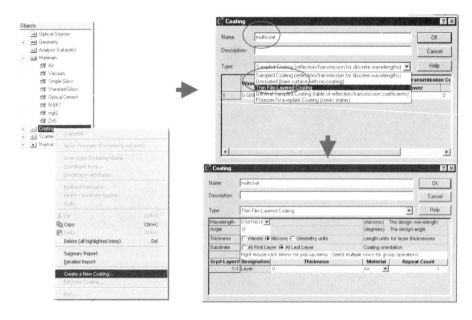

圖4-26　建立一個新的鍍膜層

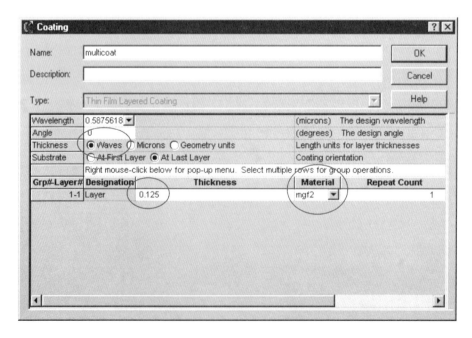

圖4-27　設定第一層鍍膜

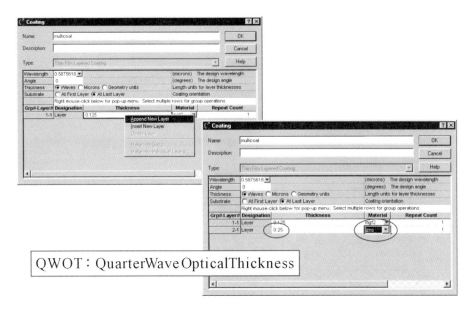

QWOT：QuarterWave OpticalThickness

圖4-28　設定第二層鍍膜

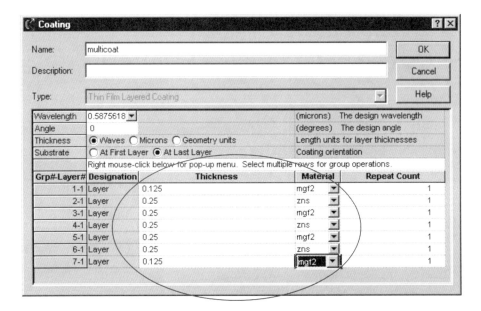

圖4-29　設定鍍膜

把所有膜層圈選，再用滑鼠
右鍵開啟彈出選單，選擇
Group

圖4-30　群組

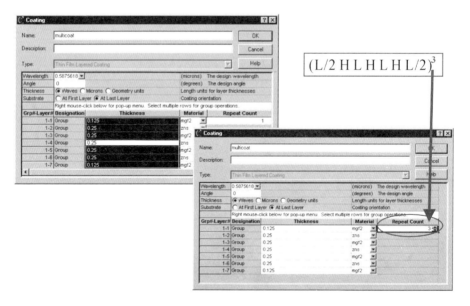

$$(L/2\ H\ L\ H\ L\ H\ L/2)^3$$

圖4-31　輸入群組參數

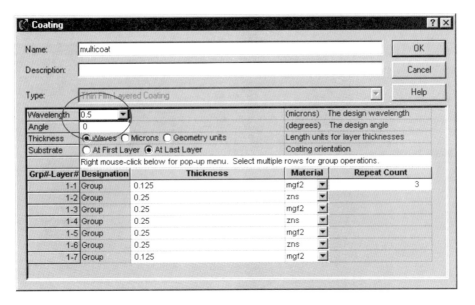

圖4-32　輸入參考波長

使用滑鼠右鍵點選multicoat之後會跳出一個選單，選擇選單中的Plot（圖4-33），選擇基板材料並將鍍膜的特性繪製成曲線圖，如圖4-34所示。

將multicoat的鍍膜特性，套用到反射鏡的Surface 2中，並修改其顏色，如圖4-35和4-36所示。

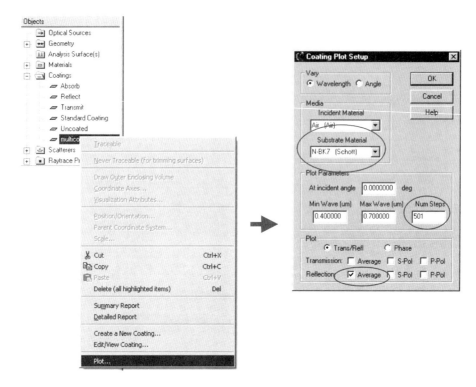

圖4-33　設定基板材料和繪製鍍膜特性曲線的參數

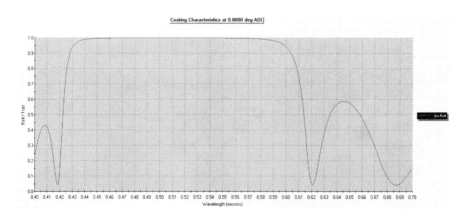

圖4-34　鍍膜特性曲線圖

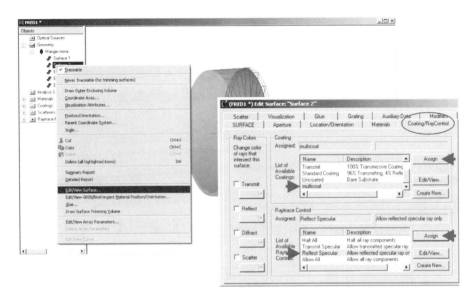

圖4-35　套用表面特性

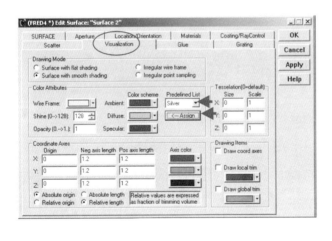

圖4-36　設定表面顯示的顏色

最後可以建立一個點光源，進行光線追蹤，追蹤完成之後，如圖4-37所示。

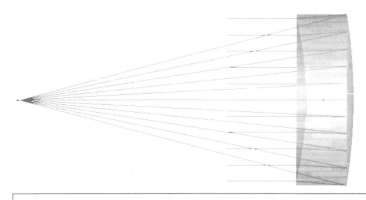

FRED的lens、mirror、prism建立模組保持每
一surface間的物理關係，讓使用者可以快速
建立物件後，依舊可以針對任意表面的
coating、material 做修改

圖4-37　光線追蹤

　　接下來要介紹長方體和一個三角稜鏡，兩個物件貼合時，有無進
行膠合動作的差異。首先，使用FRED的內建指令Create New Prism，
建立一個Cube Beamsplitter（圖4-38），再將Surf 5表面剪下，變成一
個長方體，如圖4-39和4-40所示，因為使用FRED的內建指令Create
New Prism建立的模型的表面，都有內建的表面特性，但是這些特性
有些並不是使用者所需要的，因此，接下來要修改表面的特性，如圖
4-41到4-44所示。

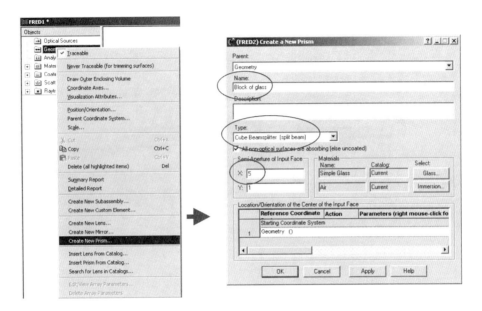

圖4-38　建立長方體

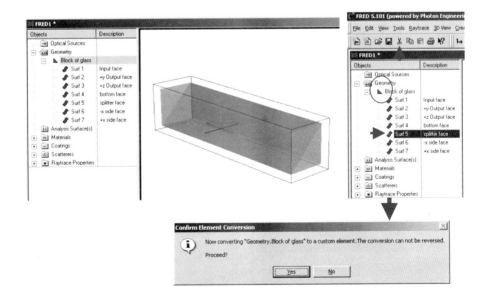

圖4-39　刪除表面

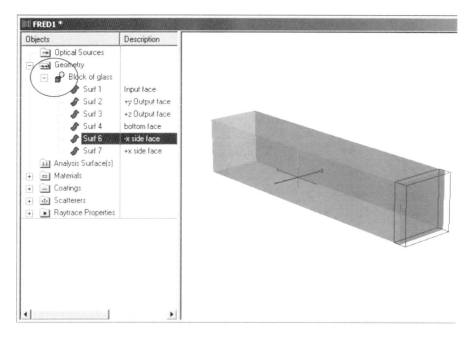

圖4-40　建立長方體完成

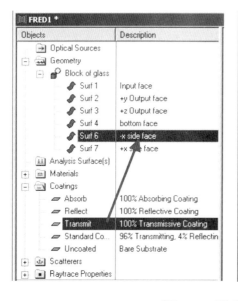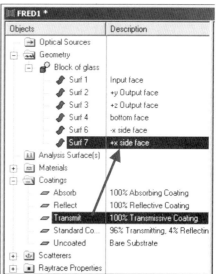

圖4-41　設定表面特性

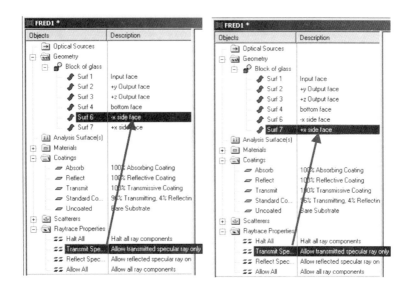

圖4-42　設定光線追跡的特性

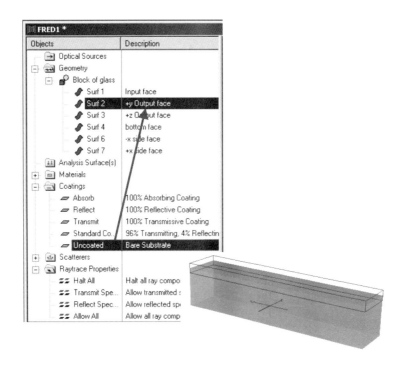

圖4-43　設定表面特性

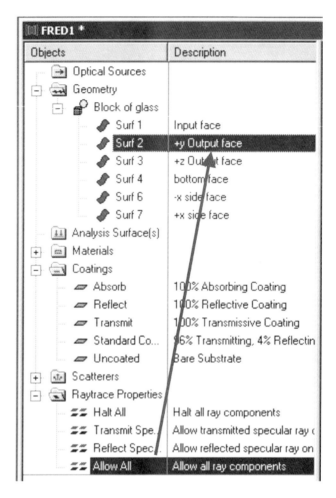

圖4-44　設定光線追跡的特性

　　接著先建立一個光源，選擇Create New Simplified Optical Source，並輸入光源的參數（圖4-45），進行光線追跡之後，可以得知光線因為入射角大於臨界角的關係，會產生全反射，如圖4-46所示。

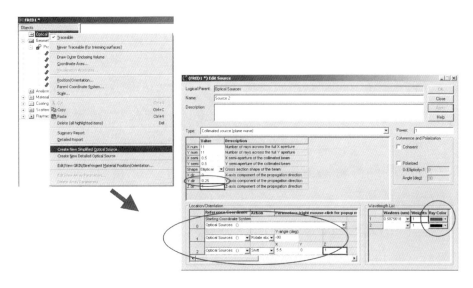

圖4-45　建立光源

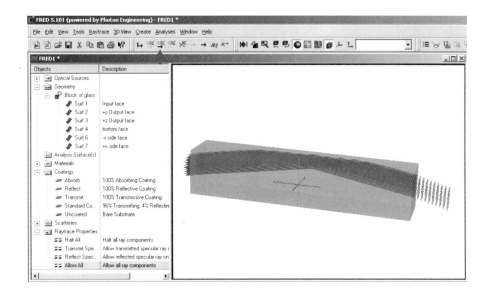

圖4-46　光線追跡

接著再建立一個三角形的稜鏡，其位置是在上述建立的長方體的上方，且三角形的稜鏡的表面與長方體的表面貼合，但是，在FRED中，二個不同的表面並不能做沒有距離的接合，因為這樣的接合方式會造成不正確的光線追跡，因此，稜鏡的表面與長方體的表面必須要有一個微小空隙，但是這樣子會產生全反射的現象（圖4-46），因此，FRED有一個功能是膠合（Glue），可使三角形稜鏡的表面與長方體的表面貼合。

首先，選擇Create New Prism，並輸入其參數，建立一個三角形的稜鏡（圖4-47），接著設定三角形稜鏡的位置，使它和長方體之間有微小間距（圖4-48），進行光線追跡之後，發現會產生全反射，如圖4-49和4-50所示。

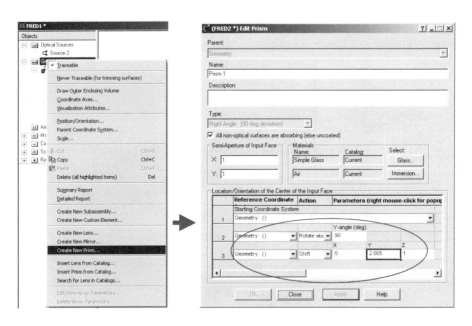

圖4-47　建立三角形稜鏡

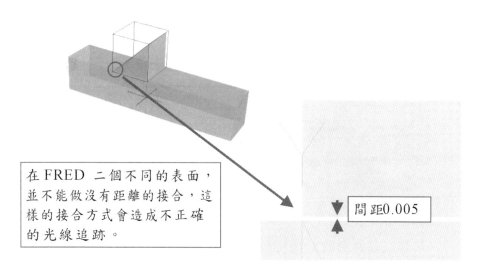

在 FRED 二個不同的表面，
並不能做沒有距離的接合，這
樣的接合方式會造成不正確
的光線追跡。

間距0.005

圖4-48　設定稜鏡距離

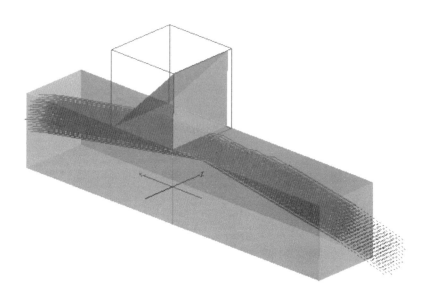

圖4-49　光線追跡

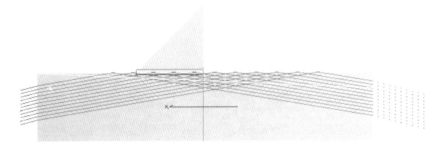

圖4-50　光線追跡

　　接著介紹怎麼將三角形稜鏡和長方體所空出來的微小距離，
進行膠合的動作。首先，使用滑鼠右鍵選擇Prism 1物件的Surf 2，
會出現一個選單，選擇選單中的Glue（圖4-51），接著會出現Glue
Surface(s)的對話視窗，在Glue Surface(s)欄位中，選擇欲膠合的表面
Geometry.Block of glass.Surf 2，和選擇膠合的材料，進行膠合的動
作，再進行光線追跡，光線就會在三角形稜鏡和長方體的接合處產生
折射，如圖4-52所示。

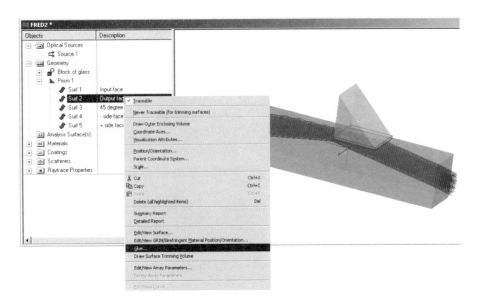

圖4-51　膠合

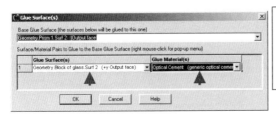

FRED中有內建的光學
膠質材料可以選擇，但
使用者亦可自行定義
需要的膠質材料

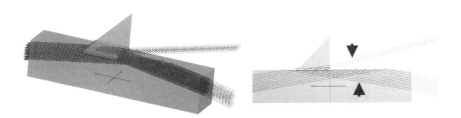

圖4-52　膠合參數和光線追跡

　　接下來要介紹受抑內全反射的現象，首先，使用FRED的內建指令，建立一個分光鏡（圖4-53），再使用表面特性的方式，讓分光鏡

的分光表面產生一個0.25um空氣的空隙（圖4-54），接著再套用到分

光鏡的分光表面，如圖4-55所示。

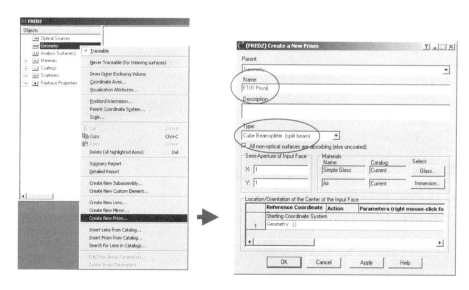

圖4-53　建立分光鏡

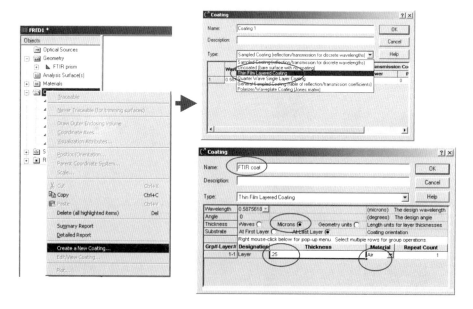

圖4-54　建立鍍膜

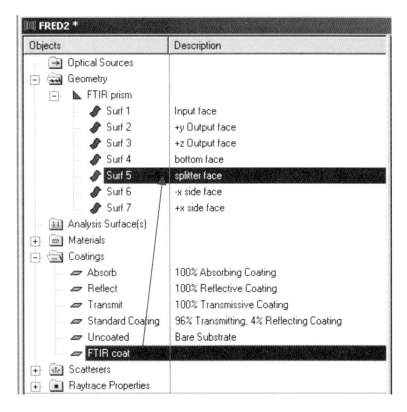

圖4-55　套用表面參數

　　接著建立一條光線，垂直入射到分光鏡中，如圖4-56和4-57所示，接著選擇Analyses→Ray Summary之後，可以在分析結果視窗中，得知分光鏡的表面2是接收光線入射到分光鏡的分光表面之後，產生反射的能量，其能量為0.666614；分光鏡的表面3是接收光線入射到分光鏡的分光表面之後，產生折射的能量，其能量為0.333970，且能量的總合為1，如圖4-58所示。

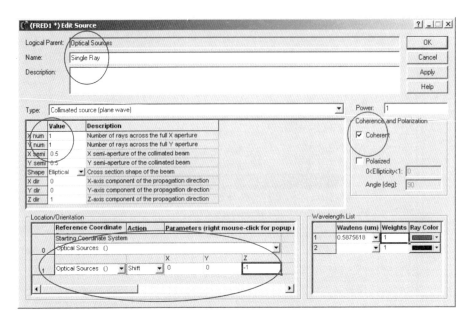

圖4-56 建立光源

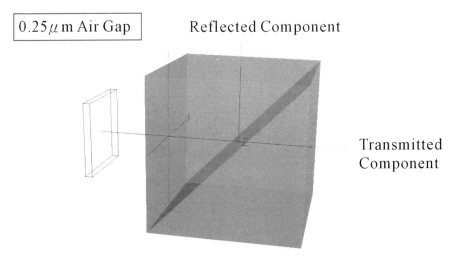

圖4-57 光線追蹤

```
667
668   RAY SUMMARY:                                        (FRED2)
669
670              Total
671   Ray        Incoherent
672   Count      Power                  Name
673
674   1          0.666614              .FTIR Prism.Surf 2    Reflected
675   1          0.333970              .FTIR Prism.Surf 3    Transmitted
676   _____   _____              _____
677   2          1.000585              TOTALS
678
```

圖4-58　分析結果報表

　　依照上述方法，使分光鏡的分光表面產生一個0.5um空氣的空隙，接著選擇Analyses→Ray Summary之後，可在分析結果視窗中，得知分光鏡的表面2是接收光線入射到分光鏡的分光表面之後，產生反射的能量，其能量為0.943471；分光鏡的表面3是接收光線入射到分光鏡的分光表面之後，產生折射的能量，其能量為0.057113，且能量的總合為1，如圖4-59所示。

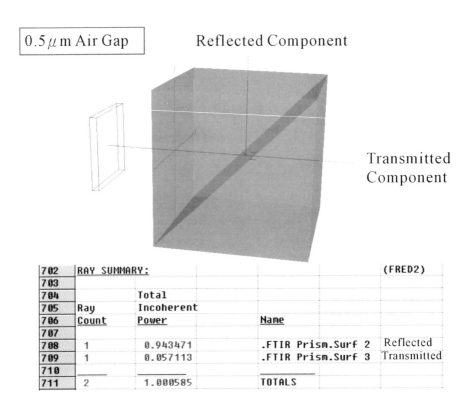

圖4-59　光線追蹤和分析結果報表

第五章

圖片離散
取點範例

5.1　課程大綱

　　本章節的目的是說明FRED有一個強大的功能，就是可以透過一張圖片，得到相對應的數值，此功能稱為圖片離散取點功能（Digitization curves）。

・穿透率和反射率

・繪製曲線

・光源波長的權重

・折射率

5.2　課程簡介

　　在這個章節，主要是告訴使用者，FRED有一個強大的功能，就是可以透過一張圖片，得到相對的數值，此功能稱為圖片離散取點功能，本章內容包含透過波長對穿透率和反射率曲線圖，得到波長相對應的穿透率和反射率的值，如圖5-1和5-2所示，和使用元件的剖面圖來建立模型，如圖5-3和5-4所示，而在光源方面，可以使用光源的頻譜圖，得到波長相對應的權重數值，更可以透過波長對折射率的曲線圖，得到波長相對應的折射率的數值。

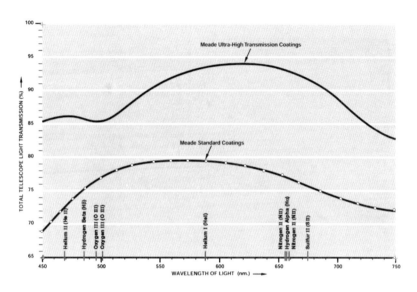

圖5-1　波長對穿透率和反射率的曲線圖

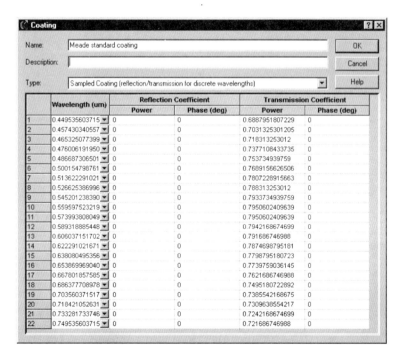

圖5-2　波長相對應的穿透率數值

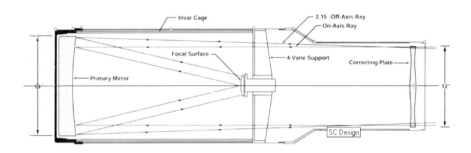

圖5-3　元件的剖面圖

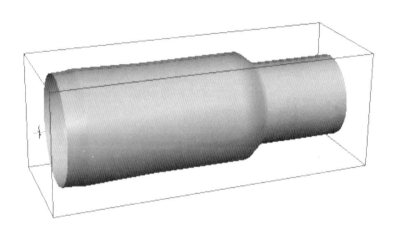

圖5-4　模型建立

5.3　光學系統建立流程

　　使用圖片離散取點功能，取得波長相對應的穿透率和反射率的值，使用滑鼠右鍵點選Coating，會出現一個選單，選擇選單中的Create a New Coating（圖5-5），接著在Coating的對話視窗中，使用滑鼠右鍵點選Transmission Coefficient的Power欄位，會出現一個選單，選擇選單中的Digitize Transmission Curve（圖5-6），接下來會出現Digitize Data From Graph對話視窗，此對話視窗就是FRED的圖片離散取點功能，如圖5-7所示。

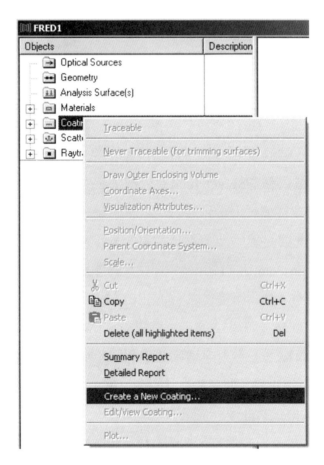

圖5-5　建立Coating

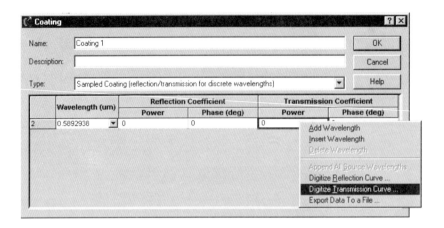

圖5-6 設定Coating參數

　　使用圖片離散取點功能的對話視窗（圖5-7），進行圖片離散取點功能，首先點選Select Image，讀取波長對穿透率曲線圖（圖5-8），為了要從圖片上得到波長相對應的穿透率的數值，要先定義參考點，在此要定義的參考點是原點、X最大值和Y最大值。選擇Select X,Y Min Point鈕，設定參考原點，再點選波長對穿透率曲線圖的原點，如圖5-9箭頭所指之處，並在X Origin和Y Origin的欄位，分別輸入0.45和0.56，如圖5-9所示；選擇Select X Max Point鈕，設定X的最大值，再點選波長對穿透率曲線圖的X軸的最大值的地方，如圖5-10箭頭所指之處，並在X Max的欄位輸入0.75，如圖5-10所示；選擇Select Y Max Point鈕，設定Y的最大值，再點選波長對穿透率曲線圖的Y軸的最大值的地方，如圖5-11箭頭所指之處，並在Y Max的欄位輸入1，如圖5-11所示；選擇Select Data鈕，滑鼠箭頭會變成十字（圖5-12），點選圖片中的穿透率曲線（圖5-13），完成之後點選Export Data或Save to File，點選Export Data，是將圖片離散取點功能所取出的數值，輸出至Coating的對話視窗的波長和Transmission Coefficient的Power欄位（圖5-14），接著輸入Coating的對話視窗中的Name，再按OK鈕，可以得到名為Meade Standard Coating的鍍膜特性（圖5-15），若是點選Save to File，則可以將其數值，輸出為*.txt檔案。

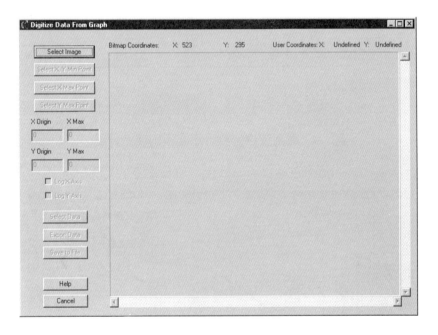

圖5-7　圖片離散取點功能

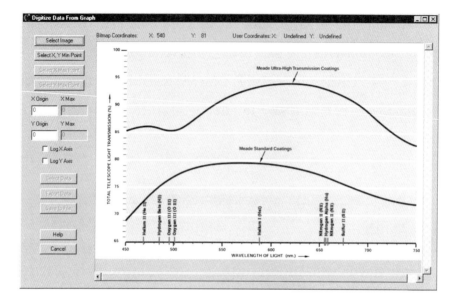

圖5-8　載入波長對穿透率和反射率曲線圖

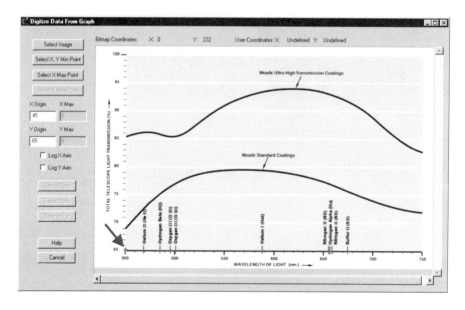

圖5-9　設定參考原點

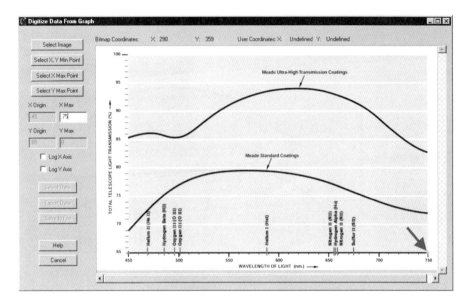

圖5-10　設定X軸最大值

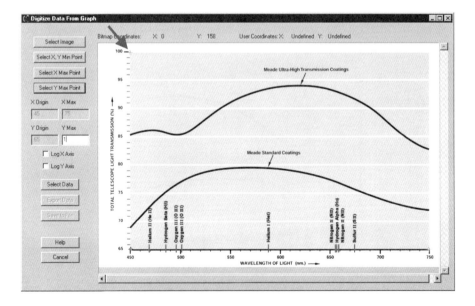

圖5-11　設定Y軸最大值

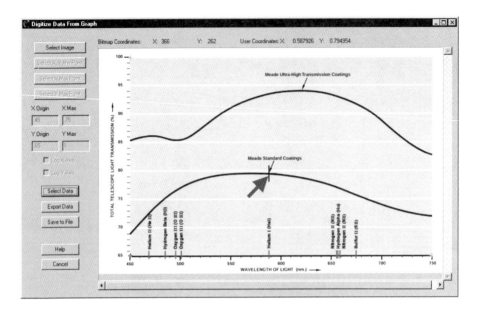

圖5-12　選擇資料

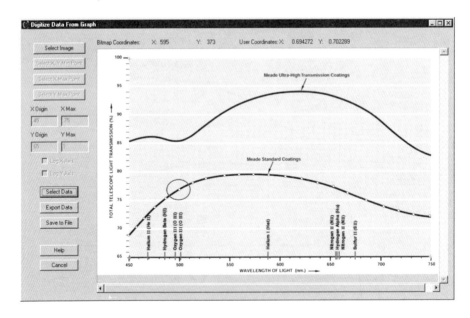

圖5-13　穿透率取樣

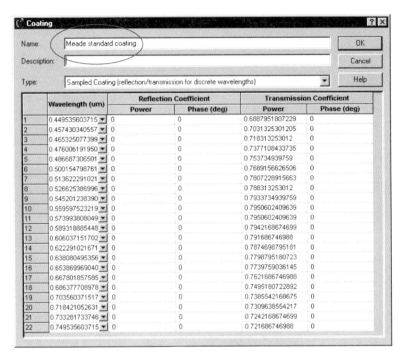

圖5-14　輸出穿透率數值

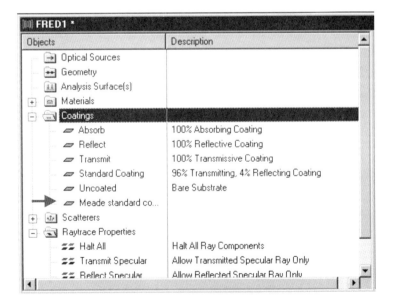

圖5-15　完成新增鍍膜特性

使用FRED的圖片離散取點功能，透過元件的剖面圖來建立模型，圖5-16是一個望遠鏡鏡頭和鏡筒，及數值孔徑，在此要說明，如何透過圖5-16來建立望遠鏡鏡筒。首先，使用圖片編輯程式繪製一條線為其旋轉軸（圖5-17），接下來新增一個名為Telescope tube的Element（圖5-18），在YZ平面建立一條曲線，選擇Create New Curve，會出現Create a New Curve as Child的對話視窗，使用滑鼠右點，點選其中一個Point的欄位，會跳出一個選單，選擇選單中的Digitize Y-Z Data From Image（圖5-19），點選Select Image，讀取透鏡組的圖片檔案之後，設定參考原點，如圖5-20箭頭所指之處，並在X Origin和Y Origin的欄位輸入0，如圖5-20所示；選擇Select X Max Point鈕，設定X的最大值，再點選透鏡組圖X軸的最大值的地方，如圖5-21箭頭所指之處，並在X Max的欄位輸入53.44；選擇Select Y Max Point鈕，設定Y的最大值，再點選透鏡組圖Y軸的最大值的地方，如圖5-22箭頭所指之處，並在Y Max的欄位輸入8；選擇Select Data鈕，滑鼠箭頭會變成十字，點選圖片中外殼的曲線，使用者只需要點選轉折處即可（圖5-23），完成之後點選Export Data或Save to File，點選Export Data，是將圖片離散取點功能所取出的數值，輸出至Create a New Curve as Child的對話視窗的Y Coordination和Z Coordination欄位（圖5-24），接著再按OK鈕，並將Draw的選項打勾，將繪製的曲線顯示（圖5-25），若是點選Save to File，則可以將其數值，輸出為*.txt檔案。

The Meade 12" LX200SC, a Schmidt Camera of the classic design, uses a 2-sided aspheric correcting plate of 12" aperture. (Aspheric correction on the correcting plate in the drawing is exaggerated for clarity.) The correcting plate is positioned at the primary mirror's radius of curvature to correct fully for the spherical aberration induced by the spherical, and very "fast," f/1.67 primary mirror. The primary mirror is 16" diameter in order to achieve an imaged field at the focal surface that is fully illuminated over a large sky area-an area 4.3" in diameter in the case of the 12" LX200SC. The focal surface of the camera is convex (also exaggerated in the drawing), not planar as is the case with the great majority of astronomical imaging systems. A metallic cage of Invar® rods rigidly connects the cell of the primary mirror (with the invar rods referencing against the front surface of the primary mirror) to the support vanes of the focal surface. Since focusing of the focal surface to the primary mirror is both extremely sensitive (a deviation of less than .001" results in star images that appear out of focus) and permanent, Invar (a material with virtually zero coefficient of thermal expansion) is used to assure that focus is not affected by changes in the environmental temperature.

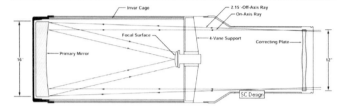

圖5-16　透鏡組的剖面圖

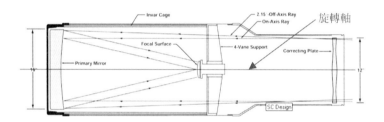

圖5-17　外殼的旋轉軸

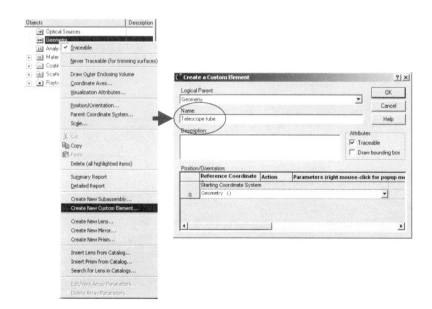

圖5-18　新增Element

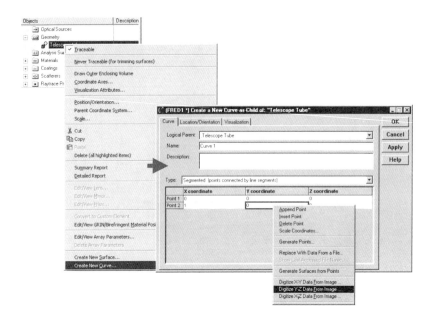

圖5-19　在YZ平面建立曲線

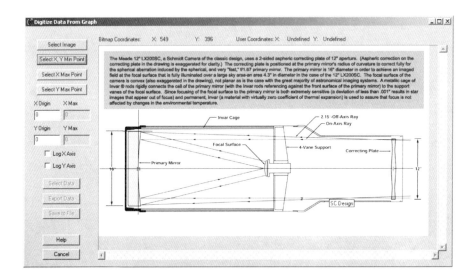

圖5-20　設定參考原點

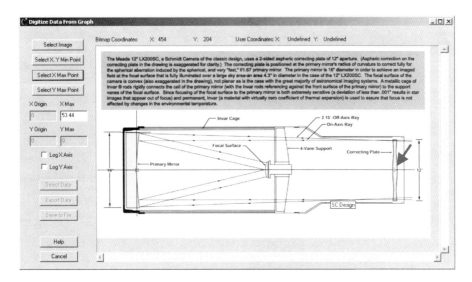

圖5-21　設定X軸最大值

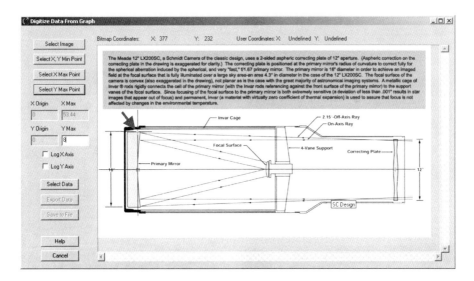

圖5-22　設定Y軸最大值

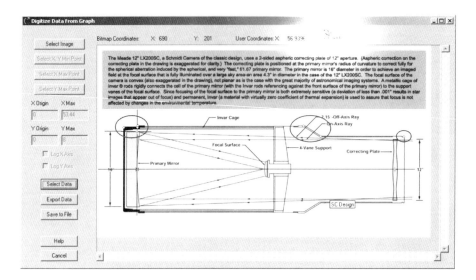

圖5-23　外殼曲線取樣

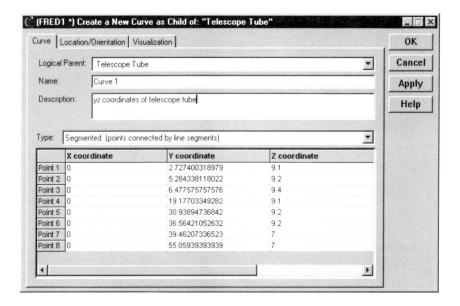

圖5-24　輸出資料

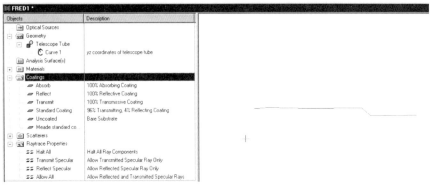

圖5-25　曲線繪製完成

　　將建立好的曲線，進行旋轉表面填料，選擇Create New Surface，會出現Create a New Surface as Child對話視窗，修改Type為Surface of Revolution、Generatrix Curve為Telescope tuble、Rotation Angles的End Parameters為360、Y Coord的End Parameters的欄位為1和其餘的欄位為0，並修改Aperture（圖5-26），完成之後，如圖5-27所示。FRED為了減少記憶體的使用量，加快模擬速度，所以預設的實體顯示的精細度不高，但是使用者可以調整實體顯示的精細度，將Drawing Mode修改為Surface smooth shading和修改實體顯示的顏色為紫色，如圖5-28所示。

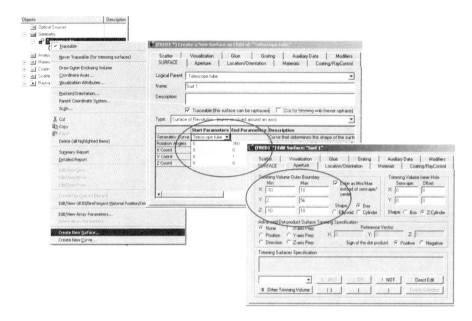

圖5-26　旋轉表面填料設定

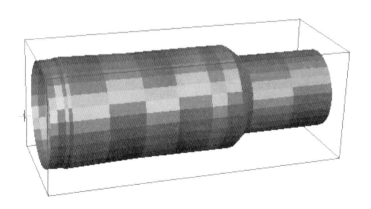

圖5-27　外殼的實體顯示圖

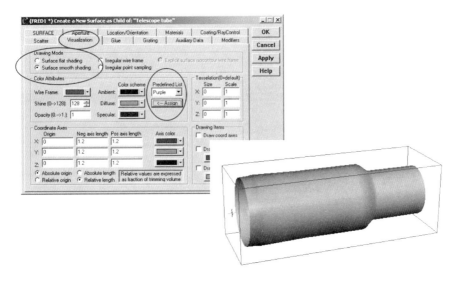

圖5-28　修改實體顯示顏色和精細度

　　使用FRED的圖片離散取點功能，透過光源的頻譜圖，得到波長相對應的權重數值，選擇Create new Detailed Optical Source，會出現Create a New Optical Source對話視窗，再使用滑鼠右鍵點選Weight欄位之後，會出現一個選單，選擇選單中的Digitize From Image（圖5-29），接著會出現Digitize Data From Graph對話視窗，選擇Select Data鈕，輸入光源的頻譜圖（圖5-30），再依照上述的方法，設定參考點和取樣點，如圖5-31和5-32所示，選擇Export Data將數值輸入至Create a New Optical Source對話視窗的Wavelength和Weight欄位，並設定其顏色，使用滑鼠右鍵點選Ray Color欄位，會出現一個選單，選擇選單中的Set All Colors From Wavelengths（圖5-33），設定完成之後，如圖5-34所示。

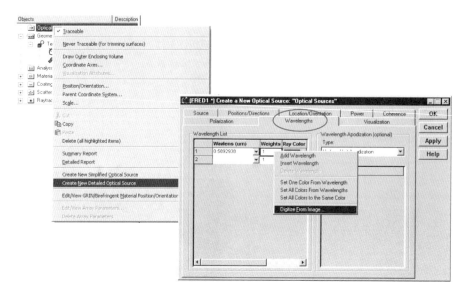

圖5-29　建立光源

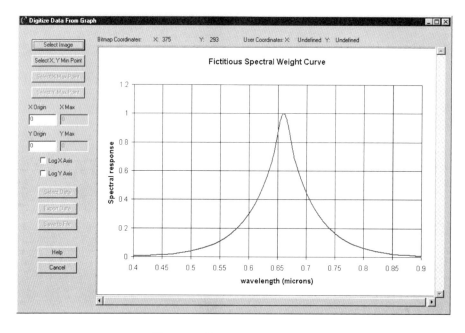

圖5-30　載入光源的頻譜圖

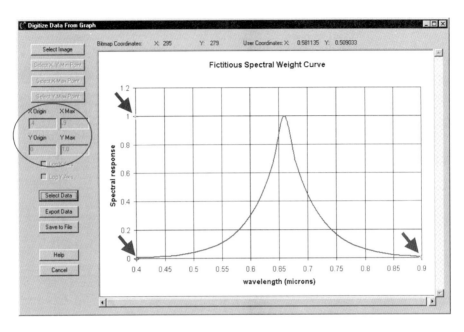

圖5-31　設定參考點

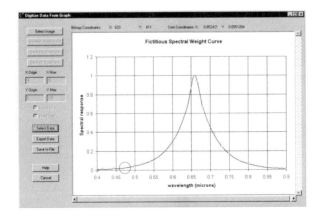

圖5-32　採樣取點

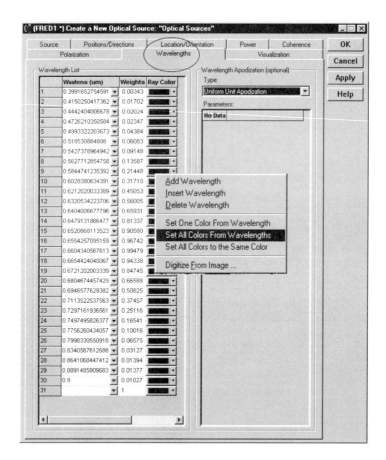

圖5-33　輸出波長和權重值

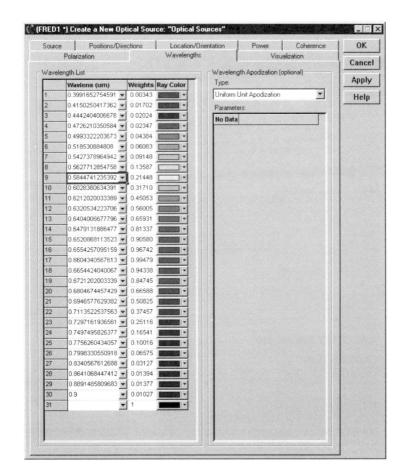

圖5-34　設定實際波長對應的光線顏色

使用FRED的圖片離散取點功能，透過波長對折射率的曲線圖，得到波長相對應的折射率數值，選擇Create a new Material，會出現New Material對話視窗，再使用滑鼠右鍵點選Refractive Index欄位之後，會出現一個選單，選擇選單中的Digitize Material Index（圖5-35），接著會出現Digitize Data From Graph對話視窗，再依照上述的方法，輸入波長對折射率的曲線圖、設定參考點和設定取樣點

（圖5-36），選擇Export Data將數值輸入至New Material對話視窗的
Wavelength和Refractive Index欄位（圖5-37），但是必需將預設波長
0.5892938刪除，如圖5-38所示。

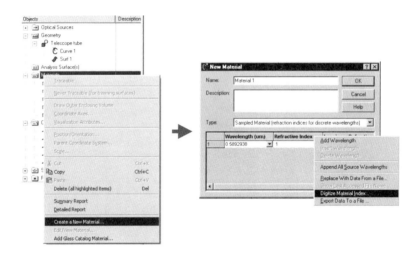

圖5-35　建立新的材料特性

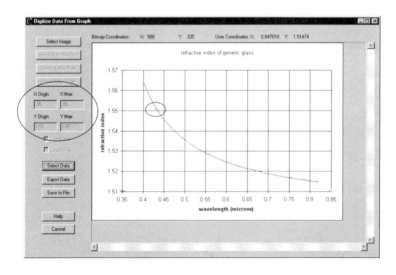

圖5-36　圖片離散取點

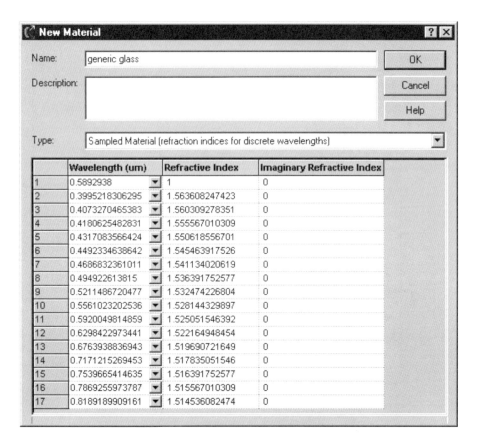

圖5-37　輸出波長和折射率數值

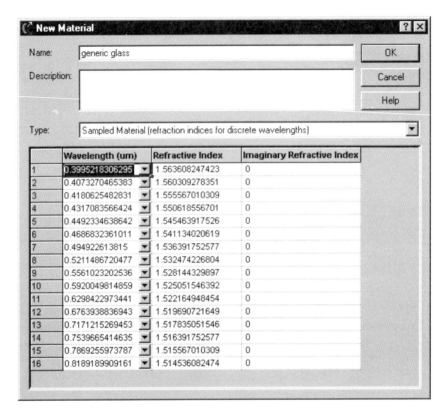

圖5-38　新增材料特性完成

第六章

掃描器範例

6.1　課程大綱

　　本章節的目的是介紹FRED可以自由的複製和貼上物件、如何建立一個菲涅爾透鏡及如何設定表面的散射特性。

- ·複製FRED物件
- ·建立LED模型
- ·建立菲涅爾透鏡
- ·表面散射
- ·計算CCD接收到的光通量

6.2　系統架構圖和元件規格說明

　　Scanner的系統架構及其系統參數，圖中的線段「A」= 30 mm、線段「B」= 25 mm、線段「C」= 20 mm和線段「D」= 22.43 mm；平凸透鏡Edmund #45084的直徑12 mm和有效焦距12 mm；菲涅爾透鏡的有效焦距約25 mm；目標表面設定為近似紙張的特性，是80%的朗伯散射分佈，如圖6-1所示。

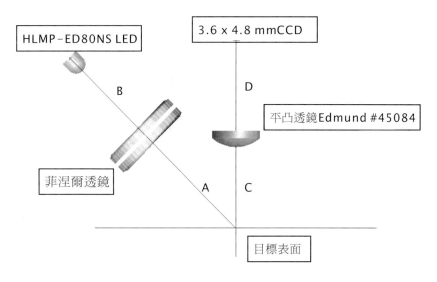

圖6-1　Scanner的系統架構

6.3　光學系統建立流程

開啟一個新的FRED檔案，首先建立目標表面，需先建立一個
Element，其名為Target Surface（圖6-2），再建立表面，並設定此表
面的Aperture（圖6-3），接著將目標平面旋轉90度，如圖6-4所示。

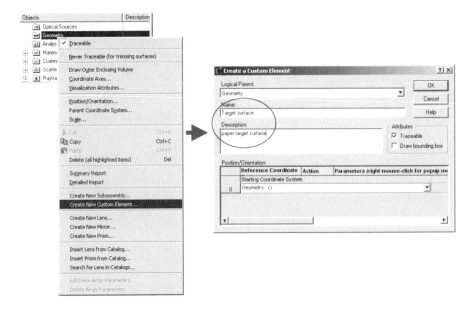

圖6-2　Target Surface的Element

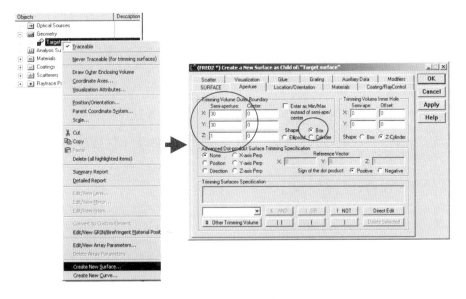

圖6-3　Target Surface的Aperture

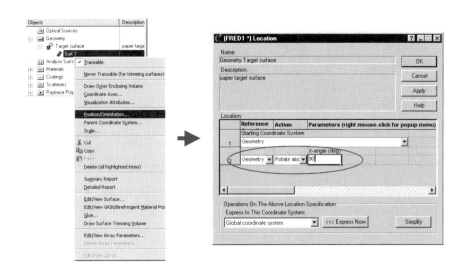

圖6-4　旋轉90度

　　修改全域座標顯示設定，方便使用者在建立模型時，了解全域座標的位置，因此放大全域座標，如圖6-5所示。

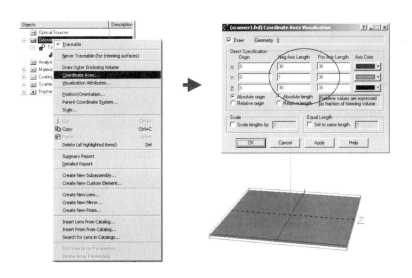

圖6-5　修改全域座標顯示設定

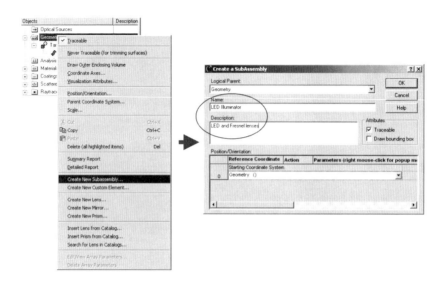

圖6-6　LED Illuminator組合件

　　建立一個組合件，此組合件中會放入四個物件，一個LED物件、
兩個菲涅爾透鏡和照明器的外殼，選擇Create New Subassembly建立
名為LED Illuminator的組合件，如圖6-6所示。

　　開啟範例檔案中的LED檔案，其名稱為hlmp_ed80ns.frd，包括一
個名為Emitting Junction的光源和LED的模型，LED的模組包括LED晶
片、反射罩、外殼和電極，如圖6-7所示。

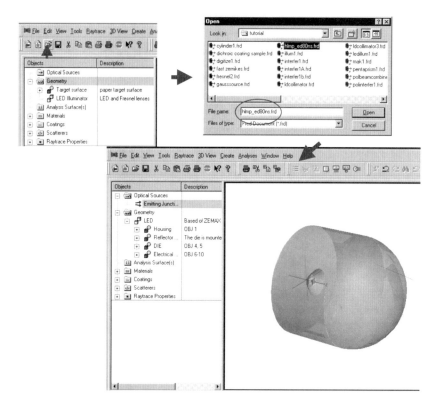

圖6-7　發光二極體

將hlmp_ed80ns.frd檔案的LED組合件，複製到另外一個檔案中，首先，選擇在FRED的hlmp_ed80ns.frd檔案中的LED組合件，接著使用滑鼠左鍵點選複製按鈕，再跳到原始檔案中FRED1.frd，選擇LED Illuminator組合件之後，使用滑鼠左鍵點選貼上按鈕，就可以將LED組合件hlmp_ed80ns.frd檔案複製到FRED1.frd檔案，如圖6-8所示。

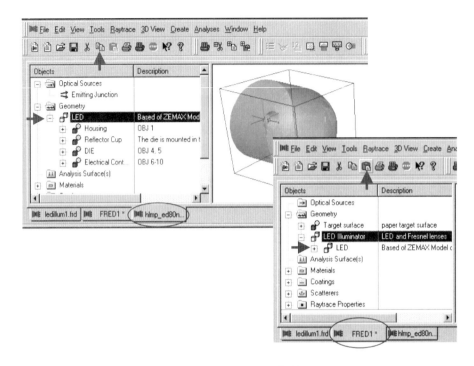

圖6-8　複製LED物件

　　依照同樣的方法，複製hlmp_ed80ns.frd檔案中的光源檔Emitting Junction，到FRED1.frd檔案之中（圖6-9）。在hlmp_ed80ns.frd檔案中，LED發光的位置是根據Optical Source定義的，但是經過複製到另外一個FRED檔案之後，其相關的位置可能會因此改變，因此需確認其位置的正確性，再決定是否要修改LED的發光位置，其在FRED1. frd檔案中的LED的發光位置修改（圖6-10），完成之後，如圖6-11所示。

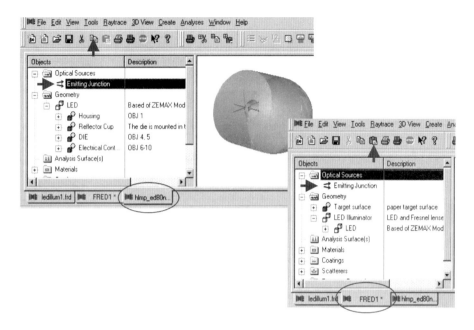

圖6-9　複製光源檔

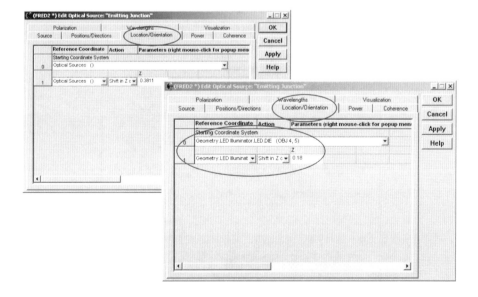

圖6-10　LED的發光位置

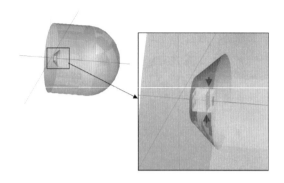

圖6-11　LED的發光位置圖

　　在原本開啟的hlmp_ed80ns.frd檔案中，LED組合件的位置是根據 Geometry定義的（圖6-12），但是，在複製到FRED1.frd檔案之後，其LED組合件的位置是根據Geometry.LED Illuminator來定義的，由此可知，物件由原先的FRED檔案複製到另外一個FRED檔案之後，其相關的位置可能會因此改變，因此需確認其位置的正確性，再決定是否要修改位置，如圖6-13所示。

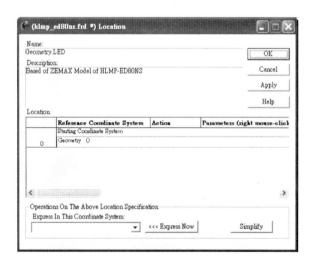

圖6-12　LED位置設定（複製前）

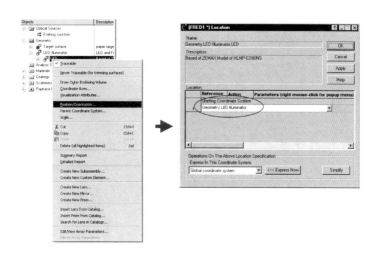

圖6-13　LED位置設定（複製後）

　　在此案例中，會先將目標平面隱藏起來，直到其它的組合件建立完成之後，會再將目標平面顯示，隱藏目標平面之後，如圖6-14所示。

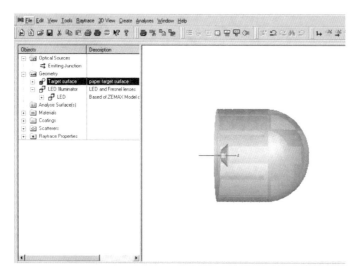

圖6-14　隱藏目標平面

　　建立一個菲涅爾透鏡，需要建立三個表面，分別為前表面、後表面及側表面三個表面，首先，先建立菲涅爾透鏡的前表面，建立的方式是先建立一條曲線，再使用表面旋轉填料的功能，將曲線變成一個平面，即可完成Fresnel的前表面的建立，接下來開始建立菲涅爾透鏡的前表面，建立一個名為Fresnel Lens的Element（圖6-15），再建立一條曲線，選擇Create New Curve，其曲線建立的形式為Segmented，再使用滑鼠右鍵點選任意一個表格，會出現一個選單，選擇選單中的Replace with data from the file（圖6-16），會出現Open: Segmented Curve Data File對話視窗，開啟Fresnel.txt（圖6-17），匯入菲涅爾透鏡的線段檔案完成後（圖6-18），再跳到Visualization選單，將Draw打勾，將建立的線段顯示，如圖6-19所示。

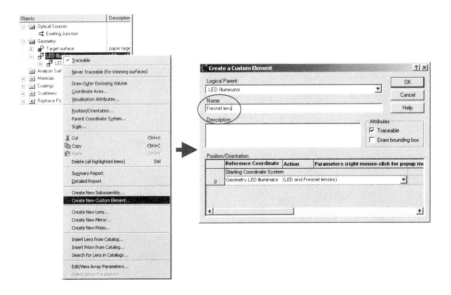

圖6-15　建立菲涅爾透鏡的Element

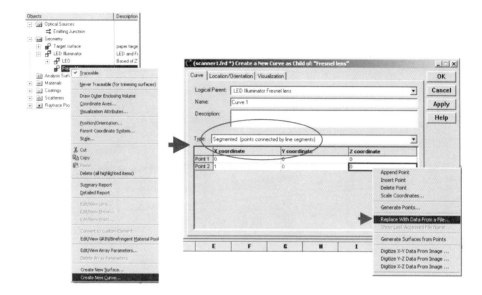

圖6-16　匯入菲涅爾透鏡的線段檔案

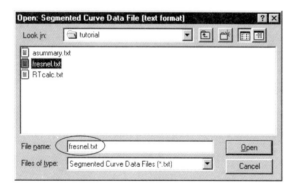

圖6-17　菲涅爾透鏡的線段檔案

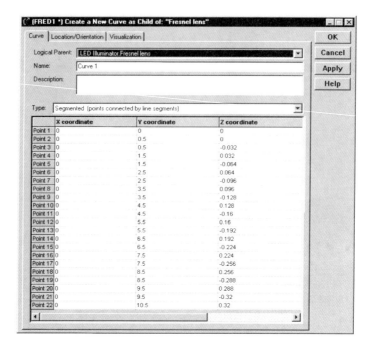

圖6-18　匯入完成

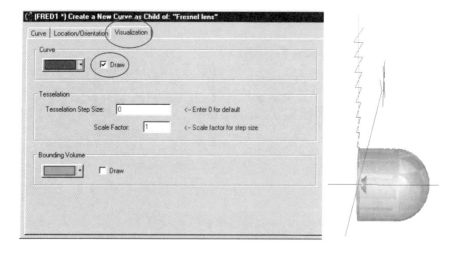

圖6-19　顯示線段選項

　　將上述建立的菲涅爾透鏡線段，使用表面旋轉填料Surface of Revolution之後形成一個表面。首先，選擇Create From Surface建立一個表面，其建立表面的形式為表面旋轉填料Surface of Revolution，和旋轉軸為Z軸（圖6-20），接著設定此表面的Aperture（圖6-21），完成菲涅爾透鏡的前表面的建立，如圖6-22所示。

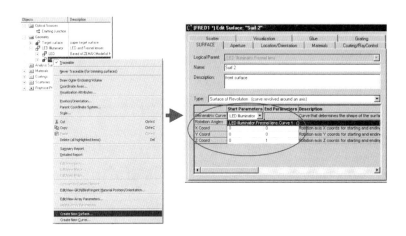

圖6-20　表面旋轉填料

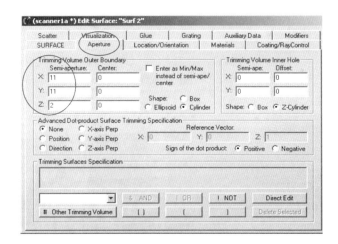

圖6-21　表面的Aperture設定

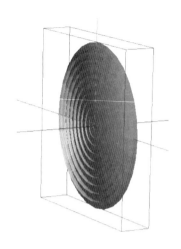

圖6-22　菲涅爾透鏡的前表面

　　完成了Fresnel的前表面之後，接著建立的後表面，後表面為一個平面，因此，選擇Create New Surface，輸入其名稱和孔徑（圖6-23），接著再定義後表面的位置（圖6-24），完成之後，如圖6-25所示。

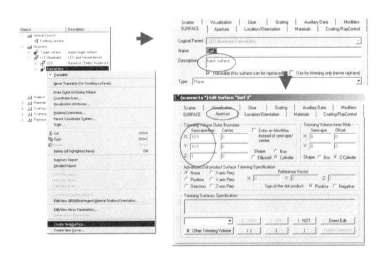

圖6-23　建立菲涅爾透鏡的後表面

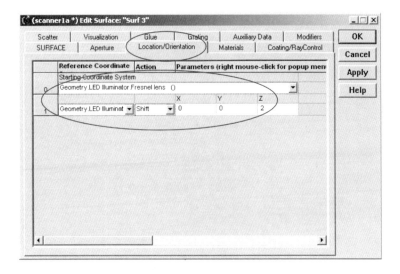

圖6-24　定義後表面的位置

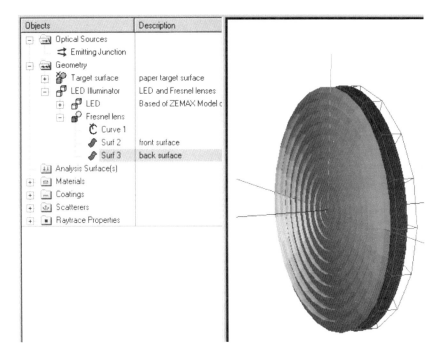

圖6-25　菲涅爾透鏡的後表面

完成菲涅爾透鏡的前表面和後表面之後，接下來要建立側表面，選擇Create new Surface，選擇建立表面的形式為Cylinder（圖6-26），接下來要設定表面的孔徑（圖6-27），完成三個表面的建立之後，即完成菲涅爾透鏡的模型建立，如圖6-28所示。

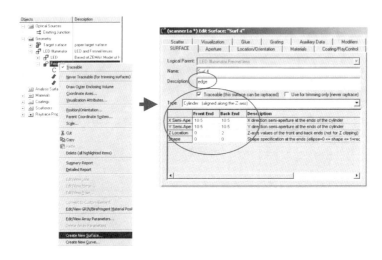

圖6-26　建立菲涅爾透鏡的側表面

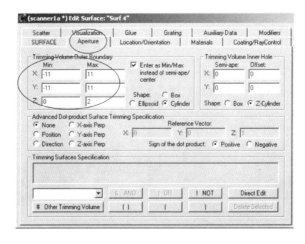

圖6-27　設定表面的孔徑

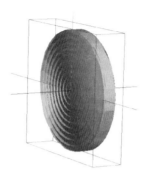

圖6-28　菲涅爾透鏡

完成菲涅爾透鏡的模型建立之後，接著要使用滑鼠拖曳的方式，設定菲涅爾透鏡的光學特性，分別設定其菲涅爾透鏡材料為標準玻璃BK7，鍍膜的設定為Transmit，光線追跡的設定為Transmit Specular，如圖6-29、6-30和6-31所示，接著修改菲涅爾透鏡的實體顯示的精細度和顏色（圖6-32），再修改菲涅爾透鏡的位置，如圖6-33所示。

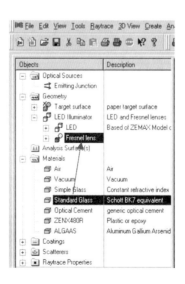

圖6-29　材料特性

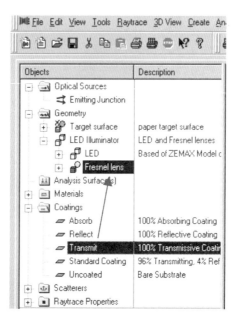

圖6-30　鍍膜特性

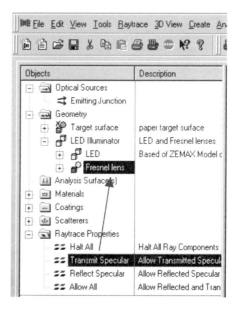

圖6-31　光線追跡控制

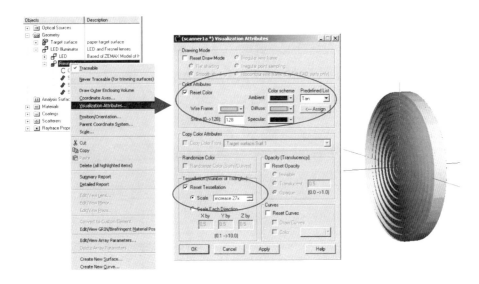

圖6-32　實體顯示的設定

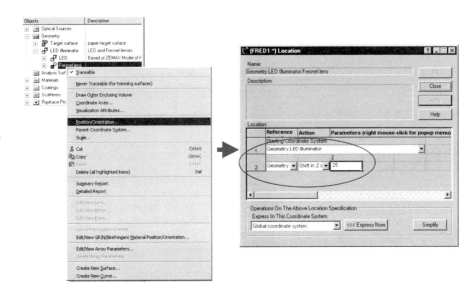

圖6-33　菲涅爾透鏡的位置

　　使用複製和貼上的指令，建立一個相同的菲涅爾透鏡。首先，使用滑鼠左鍵點選Fresnel Lens物件之後，點選複製鈕，再點選貼上鈕，即可新增一個相同的菲涅爾透鏡（圖6-34），接著移動新增的菲涅爾透鏡位置（圖6-35），完成之後，如圖6-36所示。

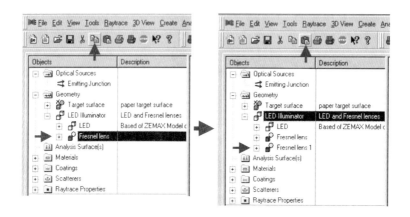

圖6-34　複製菲涅爾透鏡

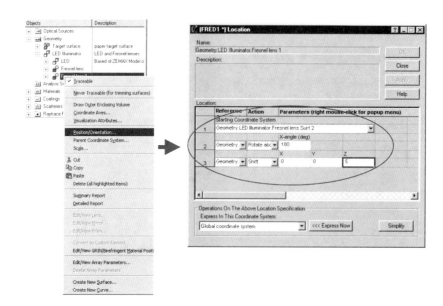

圖6-35　新菲涅爾透鏡的位置

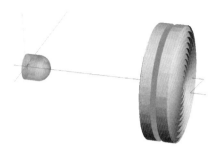

圖6-36　新增菲涅爾透鏡

　　依照第七章所述的方式，建立LED的照明器的外殼。首先建立一個名為Illuminator barrel的Element，並在YZ平面上建立一條曲線，其曲線的形式為Segmented（圖6-38），再使用Digitize Data From Graph功能，得到外殼的取樣點之後，點選Export Data（圖6-39），將其數值匯出到Edit Curve對話視窗中（圖6-40），並把Draw選項打勾，將建立的Curve顯示（圖6-41），完成之後，如圖6-42所示。

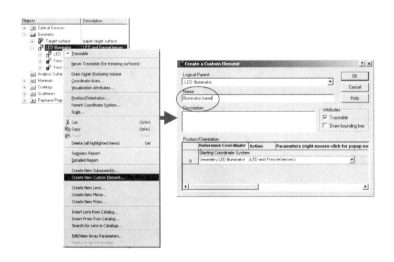

圖6-37　照明器外殼的Element

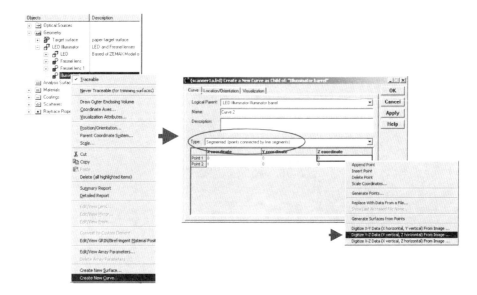

圖6-38　建立曲線

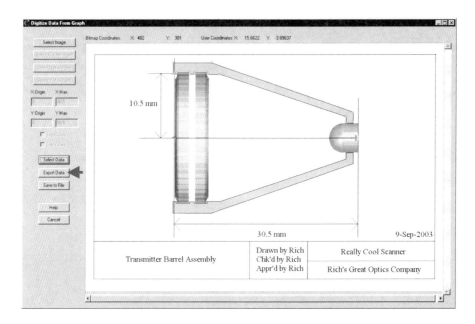

圖6-39　照明器外殼取樣

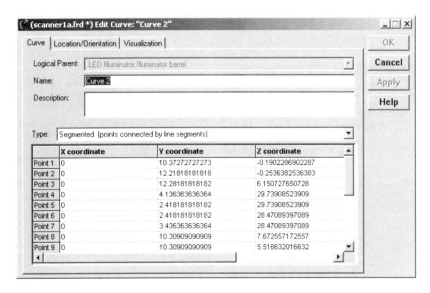

圖6-40　照明器外殼的取樣點

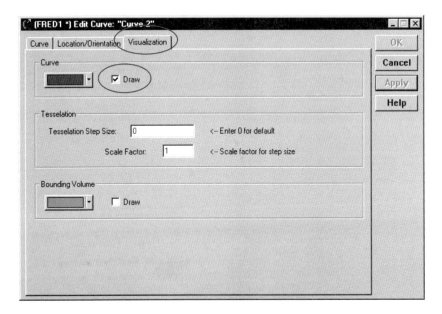

圖6-41　照明器外殼的線段顯示

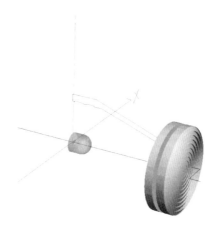

圖6-42　照明器外殼的線段

　　先將建立的線段移至適當位置（圖6-43），接著進行表面旋轉填料，完成照明器外殼的建立，其建立方法和上述建立的Fresnel Lens的前表面做法相同，同樣是使用Segmented建立Curve之後，再進行表面旋轉填料Surface of Revolve（圖6-44），接下來再設定外殼的Aperture和實體顯示設定，如圖6-45和6-46所示，完成之後，如圖6-47所示。

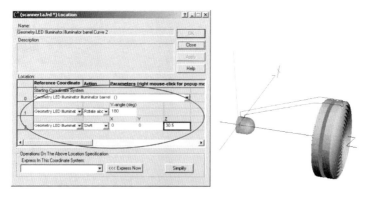

圖6-43　移動外殼線段位置

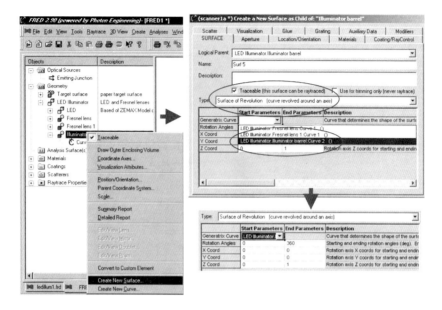

圖6-44　表面旋轉填料

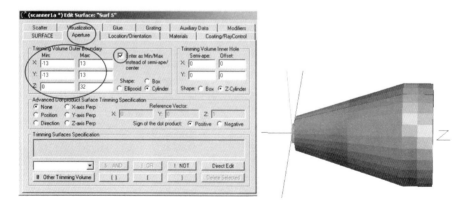

圖6-45　外殼的Aperture

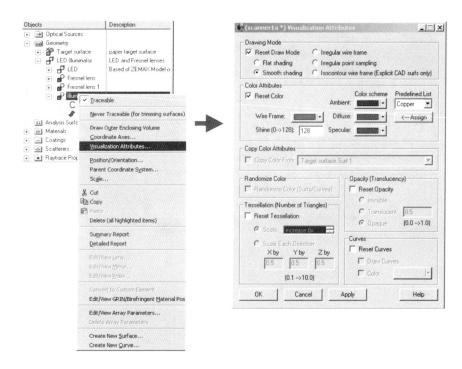

圖6-46　外殼的實體顯示設定

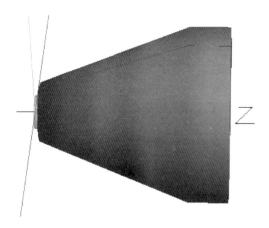

圖6-47　LED的照明器

完成上述的動作之後，只有完成LED的照明器的模型建立而已，還需要修改照明器的位置，修改的參數如圖6-48所示，移動完成之後，如圖6-49所示。

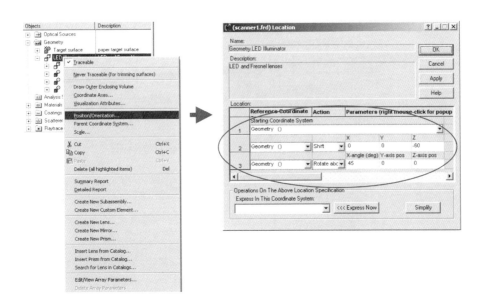

圖6-48　LED照明器的位置

圖6-49　LED照明器和目標平面

新增一個名為Receiver的組合件，如圖6-50所示。插入一個平凸透鏡是Edmund #45084，其直徑為12 mm和有效焦距是12 mm（圖6-51），完成之後平凸透鏡的實體顯示圖，和暫時關閉目標平面和LED照明器的顯示，直到下一個組合件完成，如圖6-51所示。

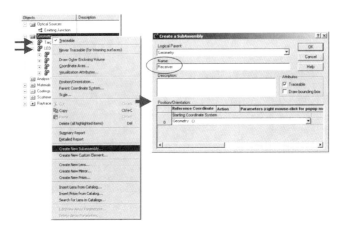

圖6-50　建立一個組合件

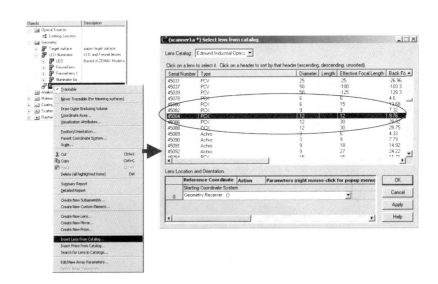

圖6-51　插入透鏡

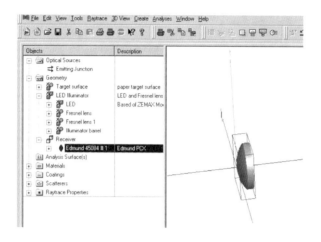

圖6-52　平凸透鏡

　　建立一個名為CCD chip的Element（圖6-53），再建立表面當做
CCD Chip，和設定其Aperture（圖6-54），再移動Chip的位置，位於
距離平凸透鏡的第二個表面22.4287處（圖6-55），完成之後，如圖
6-56所示。

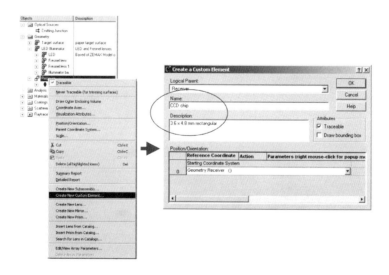

圖6-53　建立CCD Chip的Element

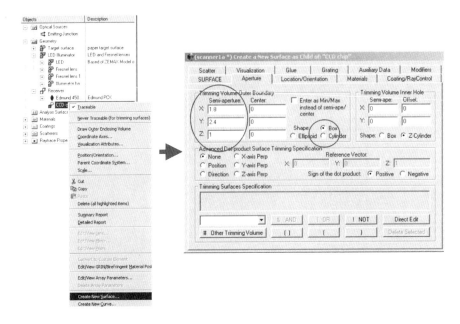

圖6-54 建立CCD Chip

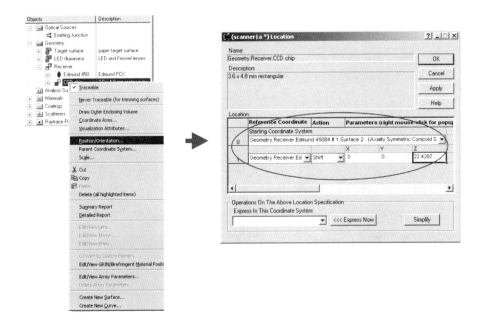

圖6-55 移動Chip位置

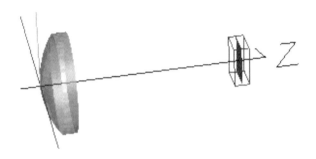

圖6-56　CCD Chip

依照第七章所述的方式，建立CCD接收器的外殼，首先建立一個名為Receiver Barrel的Element（圖6-57），並在YZ平面上建立一條曲線，其曲線的形式為Segmented（圖6-58），再使用Digitize Data From Graph功能，得到外殼的取樣點之後，點選Export Data（圖6-59），將其數值匯出到Edit Curve對話視窗中，並把Draw選項打勾，將建立的Curve顯示（圖6-60），完成之後，如圖6-61所示。

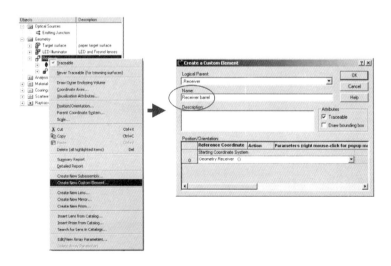

圖6-57　CCD外殼的Element

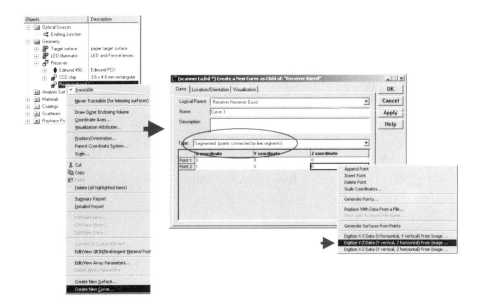

圖6-58　CCD外殼的曲線

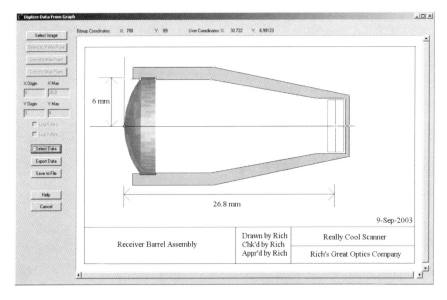

圖6-59　CCD外殼的取樣點

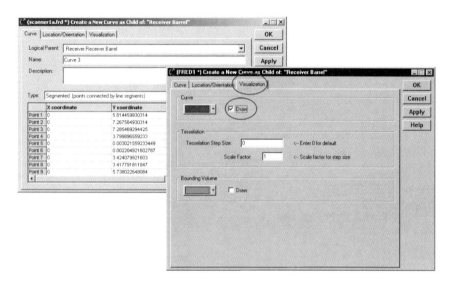

圖6-60　顯示CCD外殼的曲線

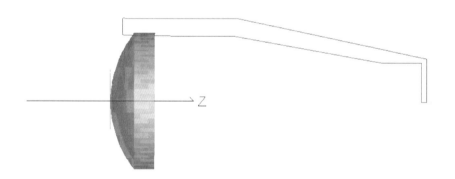

圖6-61　CCD外殼的曲線

　　建立完上述的CCD外殼的線段之後，接著進行表面旋轉填料，完成CCD外殼的建立，其建立方法和上述建立的Fresnel Lens的前表面做法相同，同樣是使用Segmented建立Curve之後，再進行表面旋轉填料Surface of Revolve（圖6-62），接下來再設定外殼的Aperture、

實體顯示設定和位置，如圖6-63、6-64和6-65所示，完成之後即完成
整個模型的設定，並開啟剛剛隱藏的目標平面和LED照明器，如圖
6-66所示。

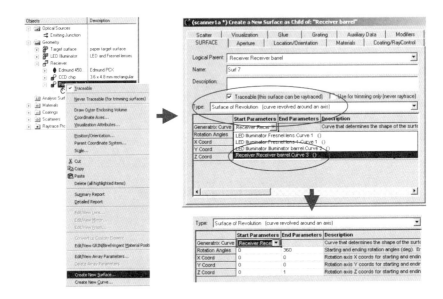

圖6-62　表面旋轉填料

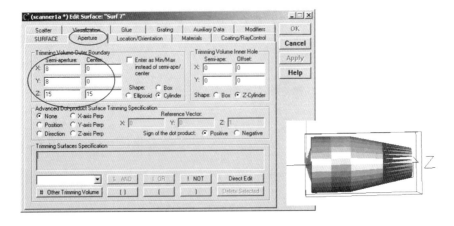

圖6-63　CCD外殼的Aperture

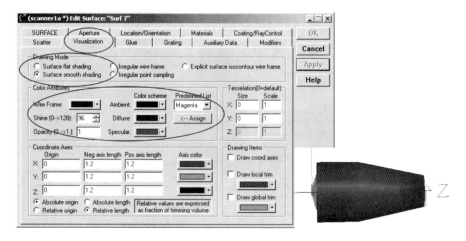

圖6-64　CCD外殼的顯示設定

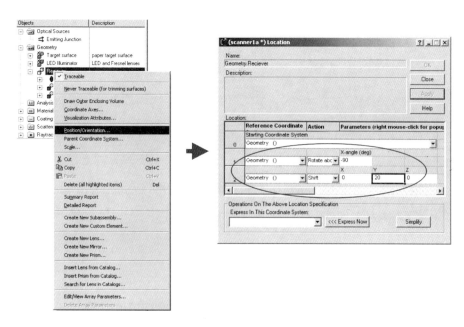

圖6-65　CCD外殼的位置

圖6-66　整體模型的實體顯示圖

　　完成模型的設定之後，接下來要進行每個物件的光學特性的設定。首先，先設定目標平面的光學特性，使用滑鼠右鍵點選Target surface物件的Surf 1表面，會跳出一個選單，選擇選單中的Edit/View Surface，會出現Edit Surface的對話視窗，切換到Scatter頁面，並點選Create new鈕（圖6-67），接下來會出現Scatter對話視窗，選擇散射形式為Lambertian，並輸入名稱和反射為0.8（圖6-68），再點選Assign鈕，套用到Assigned Scatter Properties中（圖6-69），接著新增散射分佈的重點取樣Scatter Direction Regions(s) of Interest，選擇Add New鈕（圖6-70），會出現Importance Sampling Specifications (for Scatter)的對話視窗，設定重點取樣參數（圖6-71），新增完畢之後（圖6-72），再跳到Coating/RayControl頁面，新增Raytrace Control的設定，選擇Create New鈕（圖6-73），會出現Edit Raytrace Control Set

對話視窗，新增一個名為Specular absorbing scatter control的Raytrace
Control，並只計算反射的散射（圖6-74），設定完成之後，再點選
Assign鈕，套用新增的設定，並設定散射光線的顏色為綠色，如圖
6-75所示。

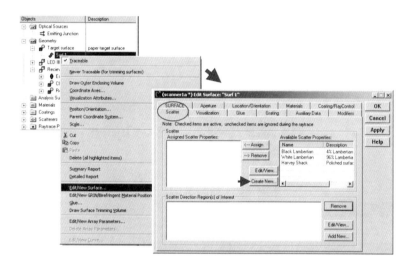

圖6-67　新增散射設定

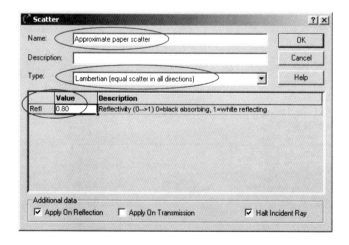

圖6-68　Scatter的散射形式

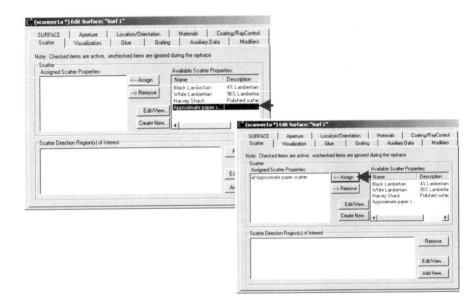

圖6-69　套用散射設定

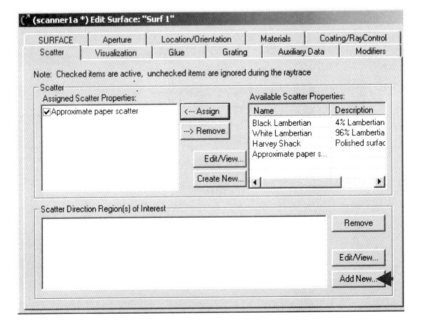

圖6-70　新增散射分佈的重點取樣

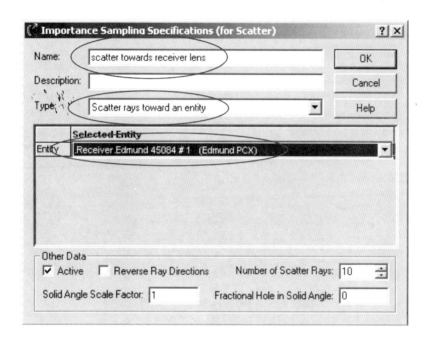

圖6-71　重點取樣參數

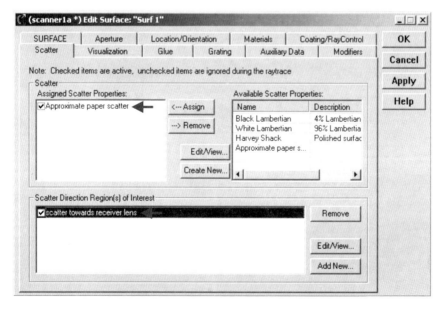

圖6-72　散射分佈設定

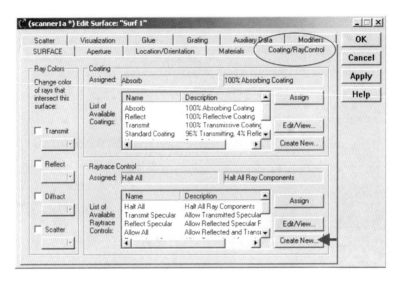

圖6-73　新增Raytrace Control設定

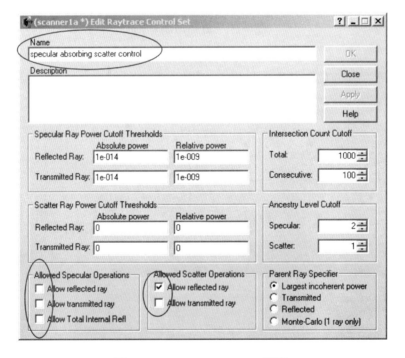

圖6-74　Raytrace Control設定

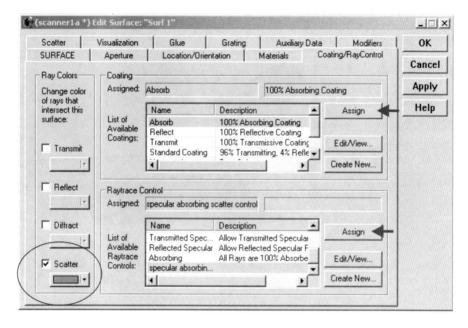

圖6-75　修改散射光線顏色

6.4　模擬結果分析

完成模型建立、光源設定和光學參數設定之後，接著就是進行
光線追跡，選擇圖6-76的箭頭的圖示，進行光線追跡，完成之後（圖
6-76）。

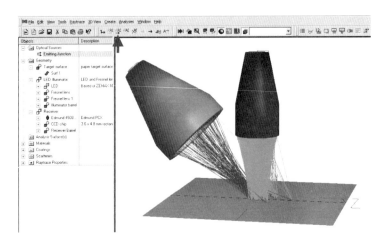

圖6-76　光線追跡

選擇Edit/View Detailed Optical Source之後，會出現Edit Optical Source對話視窗，切換到Power頁面，可得知LED的發光強度為0.04，再選擇Analyses-->Ray Summary，在分析結果視窗中，得知CCD Chip的Surf 6所接收到的能量為0.000138，所以，CCD Chip的耦合效率等於百分之0.345(=(0.000138/0.04)×100%)，如圖6-77所示。

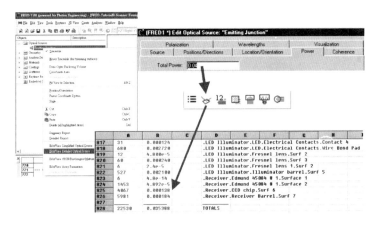

圖6-77　系統的耦合效率

　　新增分析平面，選擇New Analysis Surface，在Analysis Surface對話視窗中，輸入名稱和參數（圖6-78），再將建立的分析平面套用到Target Surface中，如圖6-79所示。

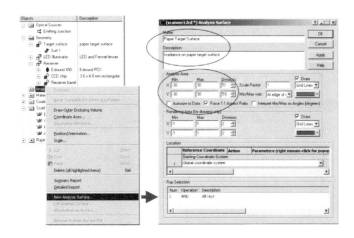

圖6-78　新增分析平面

圖6-79　套用分析平面

修改Target Surface物件的表面Surf 1的Raytrace Control為Halt All（圖6-80），接著進行光線追跡，再選擇Ray Summary之後，可以在分析結果視窗中得知，Target Surface物件的表面Surf 1的接收到的能量是0.005231（圖6-81），所以目標表面除以光源發光強度的效率為百分之13.1(=(0.005231/0.04)×100%)，其照度圖如圖6-82所示，將照度圖取Log Scale，如圖6-83所示。

圖6-80　修改Raytrace Control

	A	B	C	D	E	F	G
369	Ray	Incoherent					
370	Count	Power		Name			
371							
372	6539	0.005231		.Target surface.Surf 1			
373	332	0.000265		.LED Illuminator.LED.Housing.End Cap			
374	526	0.000420		.LED Illuminator.LED.Housing.Wall			
375	1692	0.001353		.LED Illuminator.LED.DIE.Bot			
376	7025	0.005620		.LED Illuminator.LED.DIE.Front			
377	7119	0.005695		.LED Illuminator.LED.DIE.Back			
378	7278	0.005822		.LED Illuminator.LED.DIE.Left			
379	7051	0.005640		.LED Illuminator.LED.DIE.Right			
380	5273	0.004218		.LED Illuminator.LED.DIE.Top			

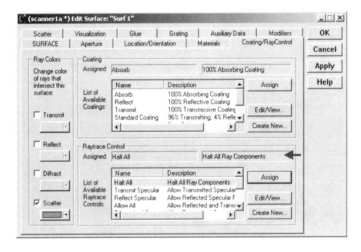

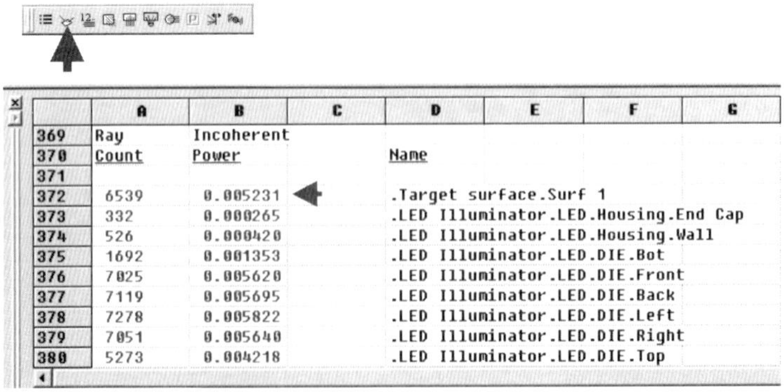

圖6-81　Ray Summary

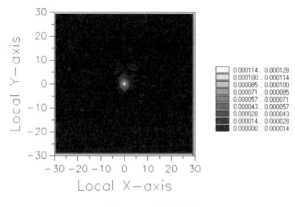

圖6-82　照度圖

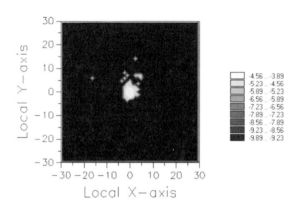

圖6-83　照度圖（Log Scale）

　　因為LED的發光位置是設定在LED Die裡面（圖6-84），因此，LED的發光強度會有因為LED的Chip和Contacts而有能量的損失，因此，假設LED的發光強度因能量的損失而降至0.008，則上述所計算的效率則會提升，CCD Chip的耦合效率為百分之1.73(=(0.000138/0.008)×100%)，和目標表面的耦合效率為百分之65.4(=(0.005231/0.008)×100%)。

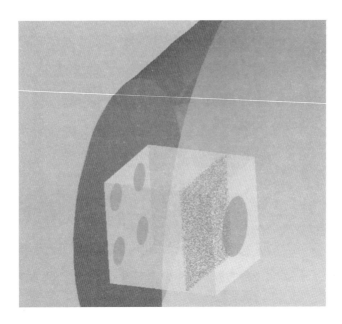

圖6-84　LED Die的放大圖

第七章

進階設定範例

7.1 課程大綱

本章節的目的是介紹FRED的進階功能，共分成以下4個部份，讓使用者了解之後，可以靈活的運用。

· 建立透鏡陣列

· 建立自由曲面

· 建立擴散板

· 匯入光源檔案

7.2 課程簡介

本章節是介紹FRED可將光源或物件進行陣列，在此以透鏡陣列為例子，如圖7-1所示：匯入CAD檔案（IGES或STEP）時在FRED會建立自由曲面（線）＜NURB Surface(Curves)＞，組合成與匯入檔案相同的物件，並說明自由曲線的建立方式，如圖7-2所示：如何建立擴散板和觀看當平行光入射至擴散板時，擴散的分佈結果，如圖7-3所示：匯入光源檔案，如Prosource匯出的光源檔、ASAP的光源檔案……等等，如圖7-4所示。

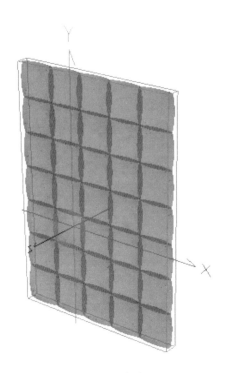

圖7-1 透鏡陣列

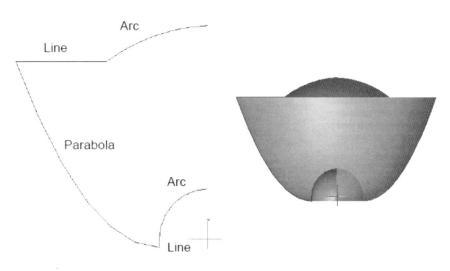

圖7-2 LED二次光學的Lens

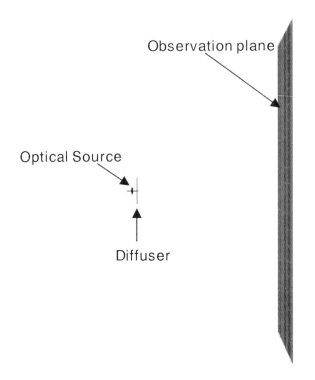

圖7-3 驗證擴散板的擴散分佈系統架構

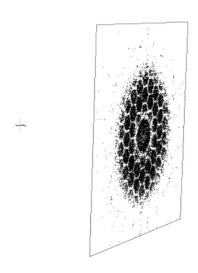

圖7-4 匯入光源檔案至FRED

7.3　光學系統建立流程

　　第一部份是介紹FRED如何將透鏡物件，進行陣列。首先，先建立一個透鏡，選擇Create New Lens（圖7-5），接著輸入透鏡的曲率半徑（圖7-6），再設定透鏡的孔徑，如圖7-7和7-8所示，建立完成之後，如圖7-9所示。

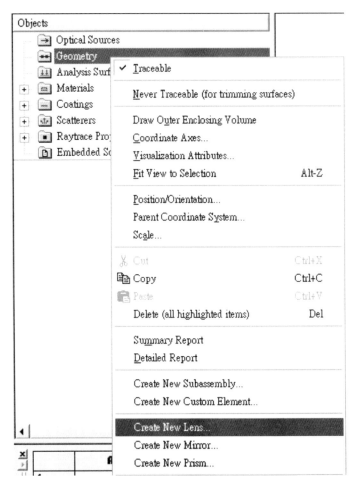

圖7-5　建立透鏡

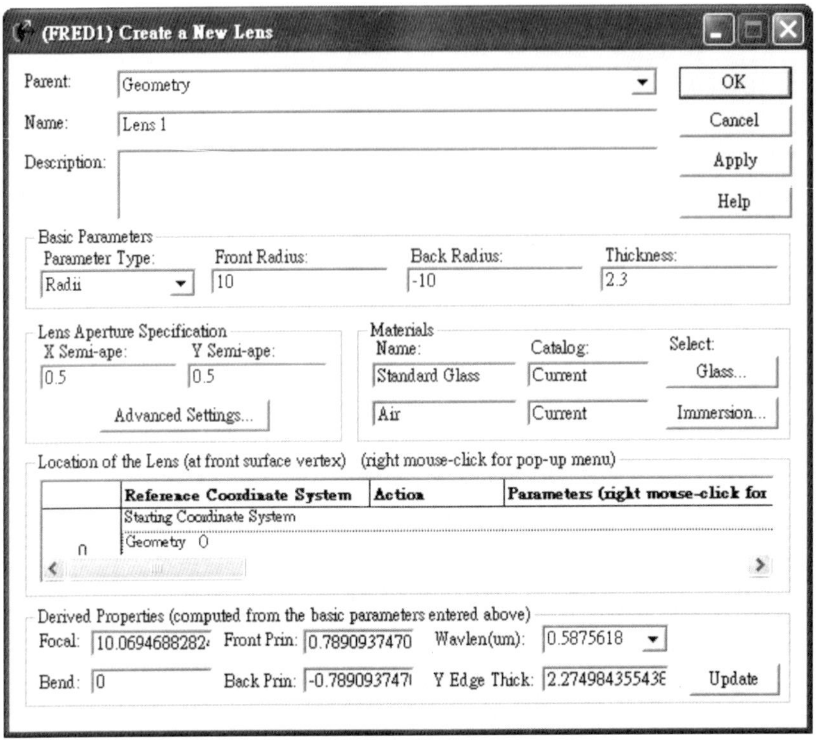

圖7-6　設定透鏡的曲率半徑

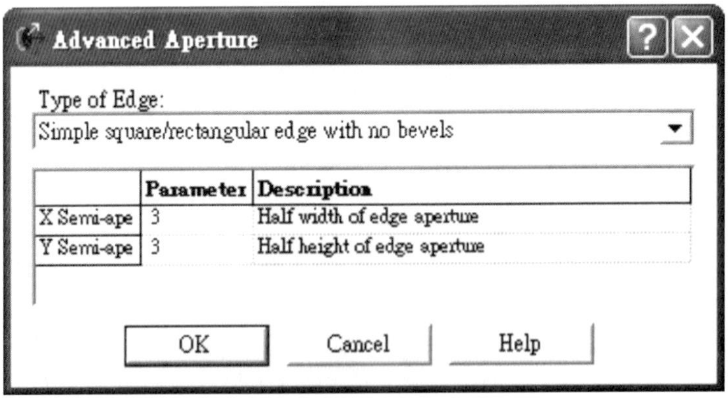

圖7-7　設定透鏡的孔徑

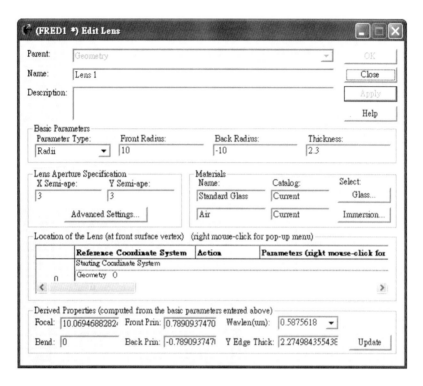

圖7-8　透鏡參數

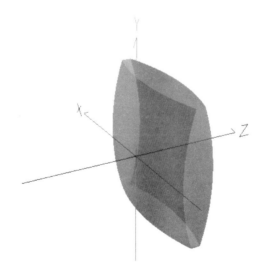

圖7-9　透鏡

完成建立透鏡之後，接下來要將上述建立的透鏡，進行陣列，選擇Edit/View Array Parameters（圖7-10），接著輸入陣列的參數，其X軸方向的間距為6mm，Y軸方向的間距為6mm，X軸陣列的個數為5個，Y軸陣列的個數為7個，最後，將Draw cell contents打勾，顯示陣列的物件（圖7-11），建立完成之後，如圖7-12所示。

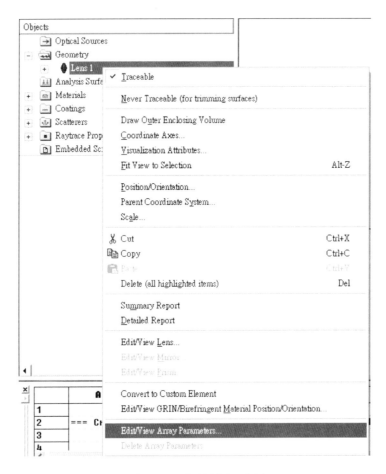

圖7-10　物件進行陣列

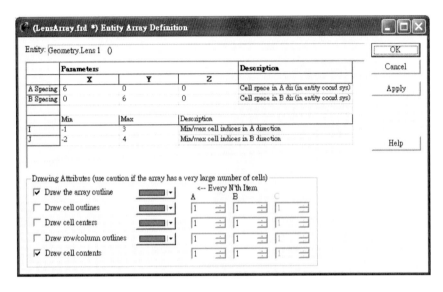

圖7-11　設定陣列參數

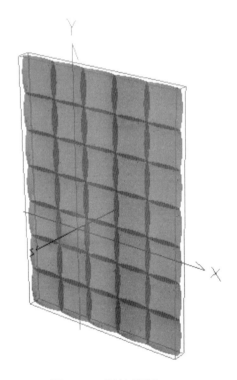

圖7-12　透鏡陣列

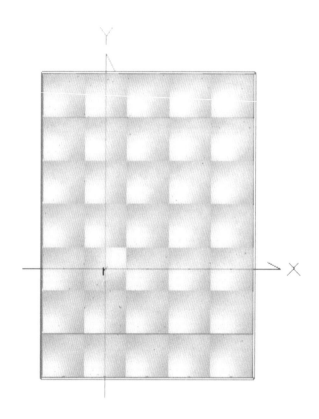

圖7-13　透鏡陣列（前視圖）

　　因為在圖7-11中輸入I的最小值為-1，I的最大值為3，J的最小值為-2，J的最大值為4，對應到座標中，輸入I的範圍是-1到3，因此，X軸陣列的個數是5個（等於3減-1加1），Y軸陣列的個數是7個（等於4減-2加1），如圖7-13所示。

　　第二部份是介紹FRED匯入CAD檔案之後，其物件型式的說明。為了配合廣大使用者的設計需求，FRED也建立了CAD檔案匯入的模組，凡是利用CAD軟體設計完成檔案，只要儲存成IGES跟SETP的檔案類型，就可以匯入FRED中做後續的模擬設計及光線追跡，接下

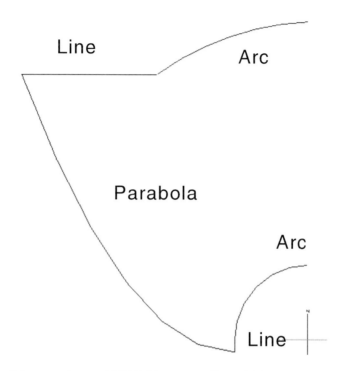

圖7-14　由CAD繪製後轉入FRED的一連續不規則曲線

來要為使用者介紹的就是在檔案匯入後物件型式：自由曲面（線）
<NURB Surface(Curves)>。

下圖為由CAD繪製的一個連續不規則曲線，該曲線由5條曲線段
所組成，分別是2個弧線、2條直線及1條拋物線（圖7-14），此連續
不規則的曲線是一個LED 2次LENS設計。

連續不規則曲線的第一條弧線Arc，如圖7-15所示。弧線的數值
設定長度由UMAX決定，弧線由Control Points的3個Points來決定，
Point 0和Point 2為終止點，Point 1是此弧線的重心，如圖17-6所示。

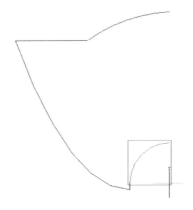

圖7-15 弧線1

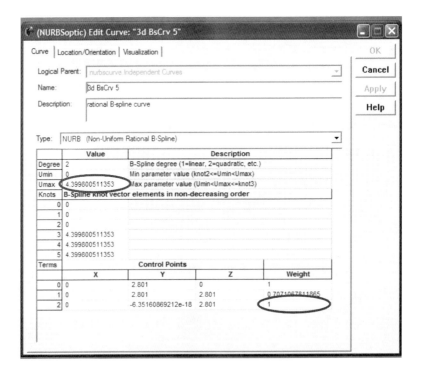

圖7-16 弧線1的設定

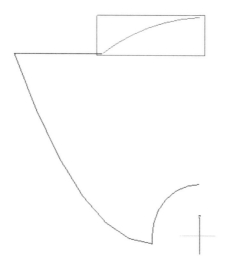

圖7-17　弧線2

　　連續不規則曲線的第二條弧線Arc，如圖7-17所示。弧線的數值設定長度由UMAX決定，弧線由Control Points的3個Points來決定，Point 0和Point 2為終止點，Point 1是此弧線的重心，如圖7-18所示。

　　而NURB中的直線設定，只要利用2個座標點決定即可，其直線如圖7-19所示。而Umax決定直線長度，由Control Points的2個Points決定直線起點和終點，如圖7-20所示。

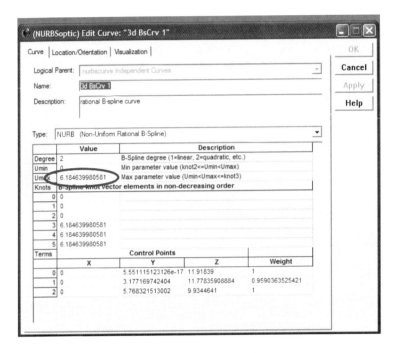

圖7-18　弧線2的設定

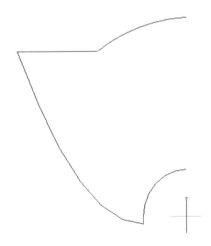

圖7-19　直線1

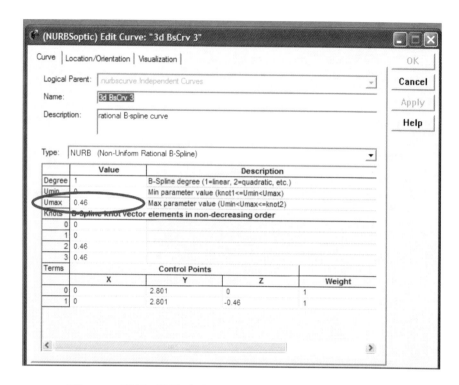

圖7-20　利用2個點決定直線起點終點，Umax決定長度

　　第二條NURB的直線（圖7-21），其參數同樣由Umax決定直線長度，Control Points的2個Points決定直線起點和終點，如圖7-22所示。

　　NURB的拋物線的Umax的設定，不同於弧線和直線的設定，Umax只是一個歸一化的值，由Control Points的3個Points和Weight，控制拋物線的形狀，如圖7-23和7-24所示。

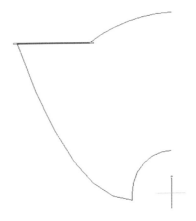

圖7-21　直線2

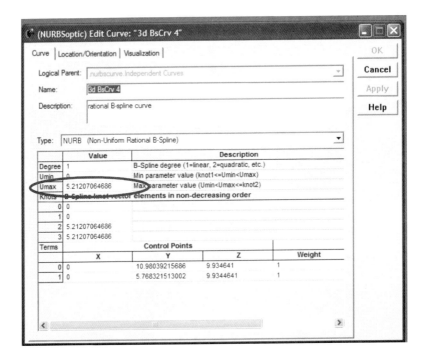

圖7-22　直線2設定

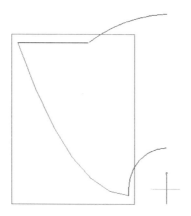

圖7-23　拋物線

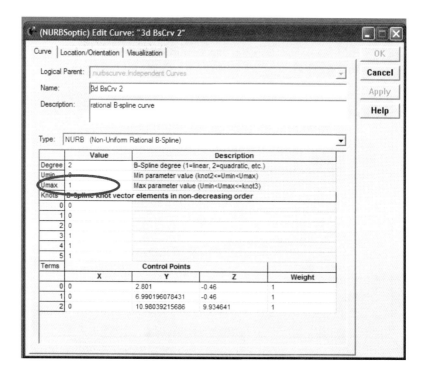

圖7-24　拋物線設定

得到由CAD檔案中匯入的自由曲線後，我們可以將這些線段組合成一個線段，如圖7-25和7-26所示，再利用這新的線段建立一個LED的二次光學設計。

圖7-25　複合式曲線

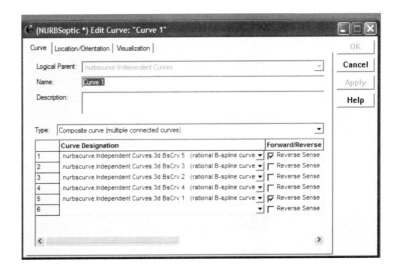

圖7-26　複合式曲線設定

使用上述的複合式曲線，沿Z軸做360度旋轉填料，形成一個新的表面（圖7-27），建立完成之後，如圖7-28所示。

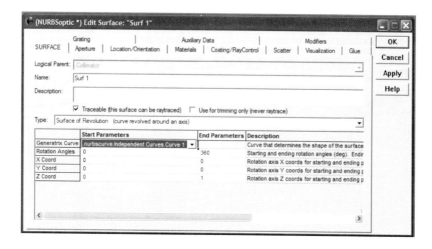

圖7-27　設定新的表面

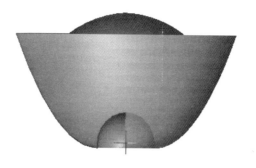

圖7-28　完成的LED二次光學設計

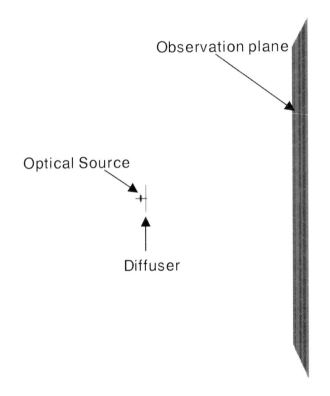

圖7-29　驗證擴散板的擴散分佈系統架構

第三部份是介紹如何使用FRED建立擴散板，並建立一個光學系統，觀看當平行光入射至擴散板時，擴散的分佈結果，其系統架構如圖7-29所示。

首先，建立一個5mm×5mm表面當作擴散表面，選擇Create New Custom Element，輸入Element的名稱為Diffuser，建立一個擴散板的Element，如圖7-30和7-31所示，接著選擇Create New Surface，並設定表面的孔徑，如圖7-32和7-33所示，最後，設定擴散表面的位置，如圖7-34和7-35所示。

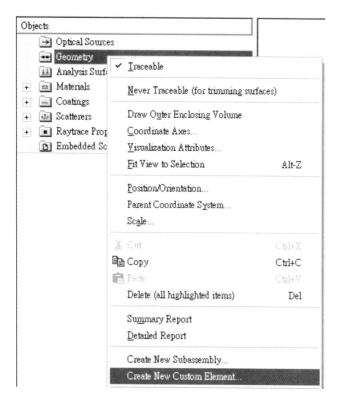

圖7-30　建立Element

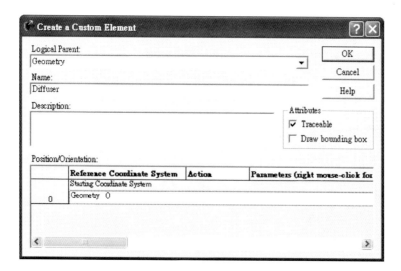

圖7-31　輸入Element名稱

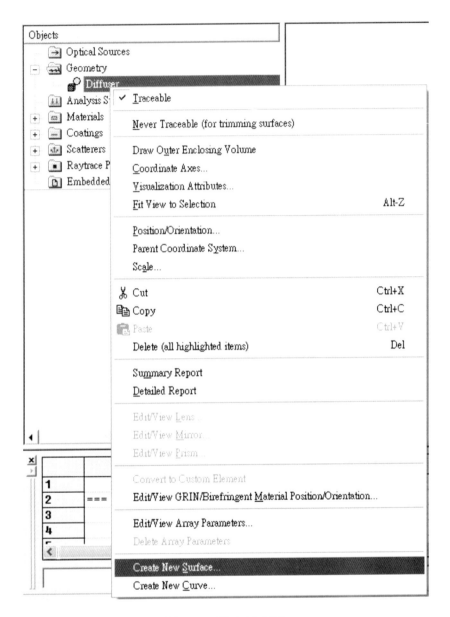

圖7-32 建立新表面

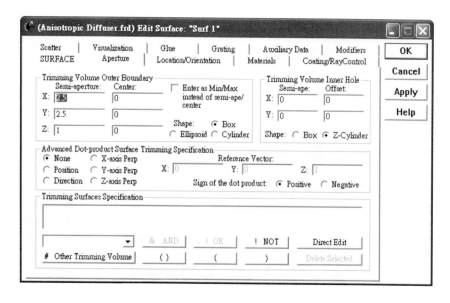

圖7-33 設定表面的孔徑

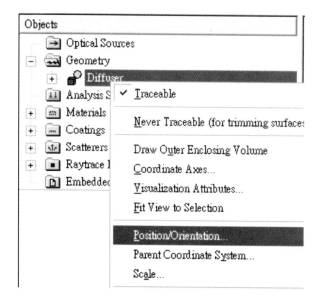

圖7-34 移動物件位置

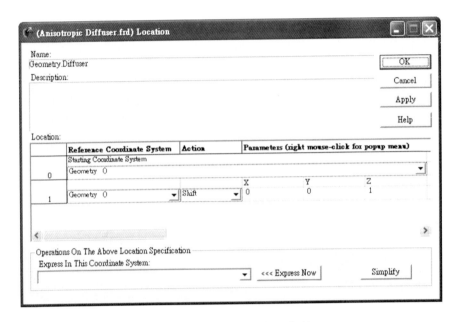

圖7-35 移動物件位置參數

　　首先，建立一個30mm×30mm表面，當作觀察面，選擇Create New Custom Element，和輸入Element的名稱為Receiver，建立一個觀察面的Element，如圖7-36和7-37所示，接著選擇Create New Surface，並設定表面的孔徑，如圖7-38和7-39所示，最後，設定觀察面的位置，如圖7-40和7-41所示。

　　接著是本案例的重點，是如何建立一個擴散板，其擴散的角度在兩個軸向上是10度和60度。首先，選擇Create a New Scatterer（圖7-42），會出現Scatter對話視窗，輸入散射的名稱為Anisotropic Diffuser、選擇Scripted的形式建立BSDF、輸入散射的特性和勾選Apply On Transmission和Halt Incident Ray選項，如圖7-43所示。

圖7-36　建立Element

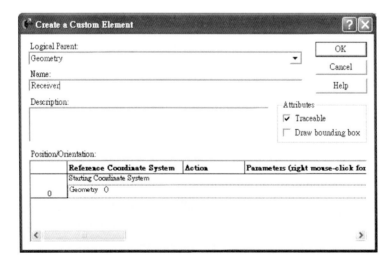

圖7-37　輸入Element名稱

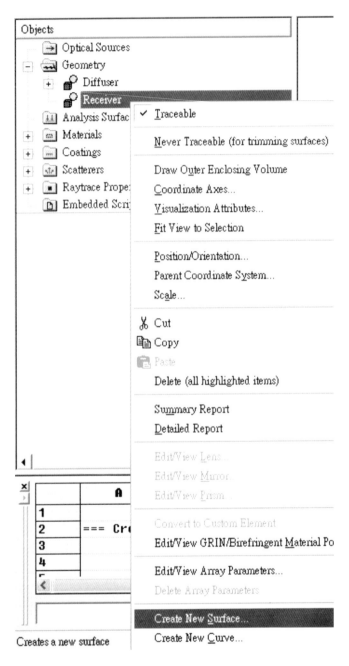

圖7-38　建立新表面

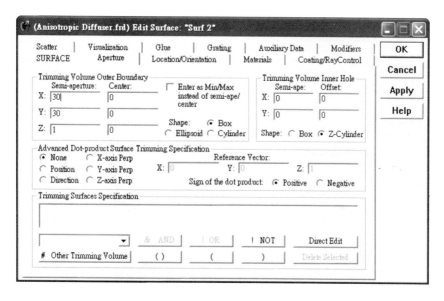

圖7-39　設定表面的孔徑

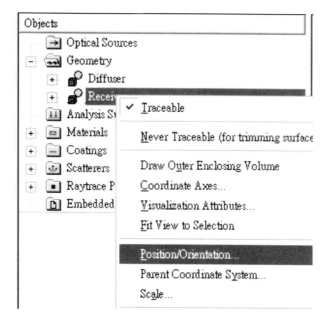

圖7-40　移動物件位置

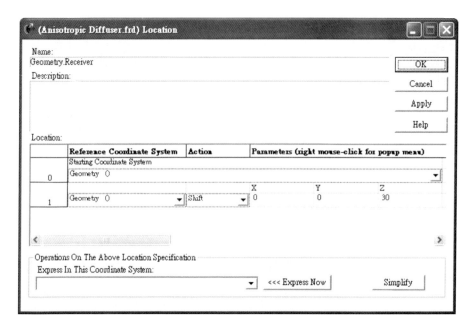

圖7-41　移動物件位置參數

　　建立完成散射特性之後，使用滑鼠拖曳的方式，將Anisotropic
Diffuser拖曳至Diffuser物件的Surf 1表面上（圖7-44），使用者可以打
開表面設定，切換到Scatter頁面，觀看拖曳過後的設定（圖7-45），
接著切換到Coating/RayControl頁面，設定Coating特性為Transmit和
Raytrace Control特性為Transmit Specular，如圖7-46所示。

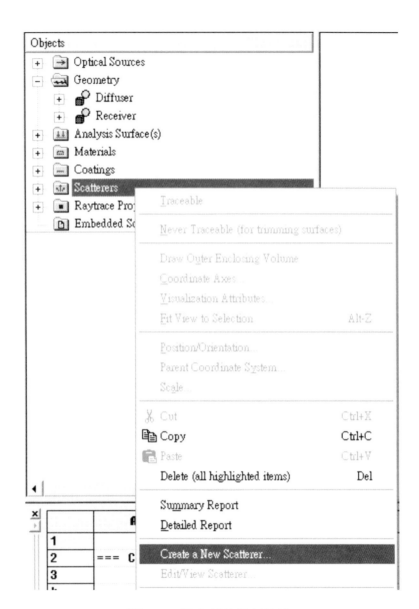

圖7-42　建立新的散射特性

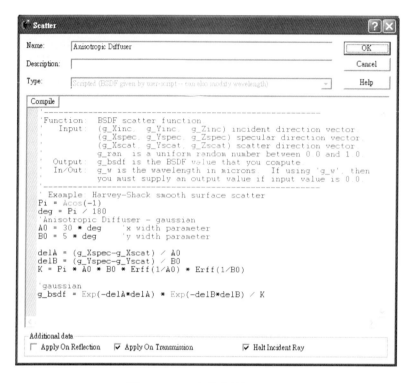

圖7-43　設定散射特性參數

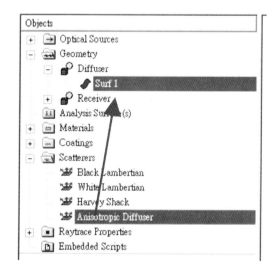

圖7-44　套用散射特性

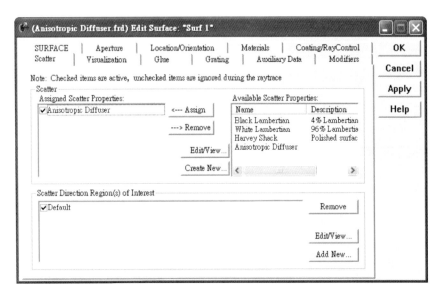

圖7-45　表面散射特性

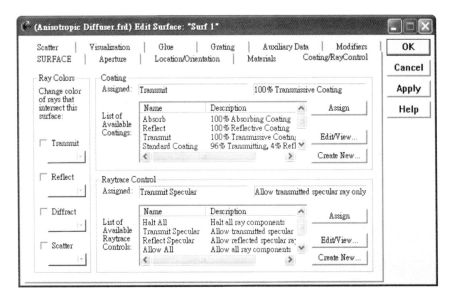

圖7-46　表面特性

最後，建立一個平行光源，選擇Create New Detailed Optical Source，並選擇光源的發光形式和設定光源波長，如圖7-47到7-49所示。完成上述之動作之後，已完成整個光學系統的建立，其3D實體顯示圖，如圖7-50所示。

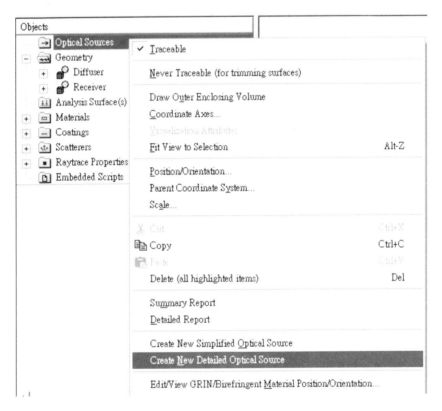

圖7-47　建立光源

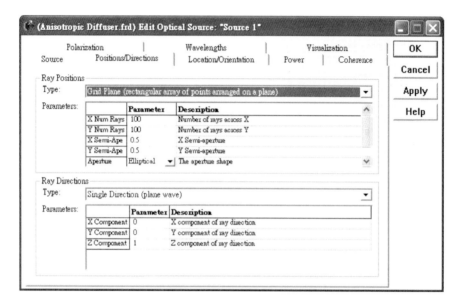

圖7-48　設定光源發光形式

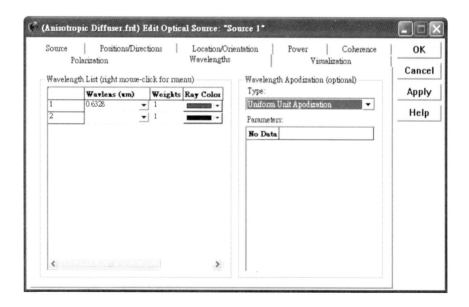

圖7-49　設定光源波長

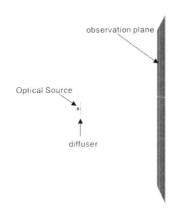

圖7-50　光學系統建構完成

完成光學系統的建立之後，接著建立兩個分析平面，分別觀看照度圖和光強度圖，首先，選擇New Analysis Surface，建立照度圖的分析平面，並設定分析平面的設定，如圖7-51和7-52所示，依照同樣的

圖7-51　建立分析平面

方式，建立光強度圖的分析平面，選擇New Analysis Surface，建立光
強度圖的分析平面，並設定分析平面的設定，如圖7-53和7-54所示。

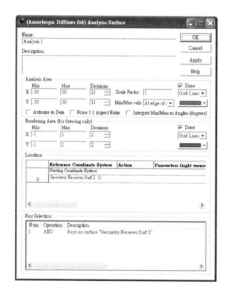

圖7-52　設定分析平面參數

圖7-53　建立分析平面

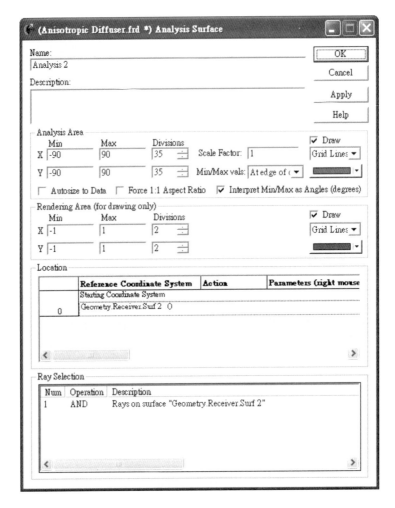

圖7-54　設定分析平面參數

接著選擇Trace and Render進行光線追跡，如圖7-55和7-56所示。

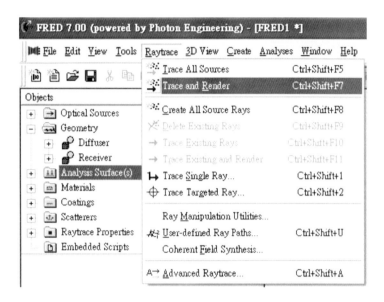

圖7-55　光線追蹤

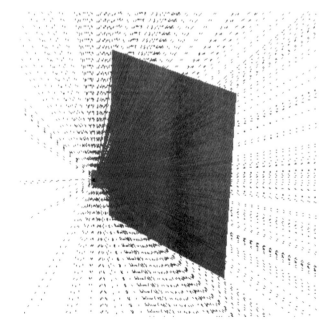

圖7-56　光線路徑

　　選擇Analyses→Irradiance Spread Function，觀看照度圖（圖7-57），接著選擇Analyses→Intensity Spread Function，觀看光強度圖（圖7-58），由光強度圖的X和Y軸的剖面圖可得知，擴散板的擴散角度在X軸上是60度，Y軸是10度。

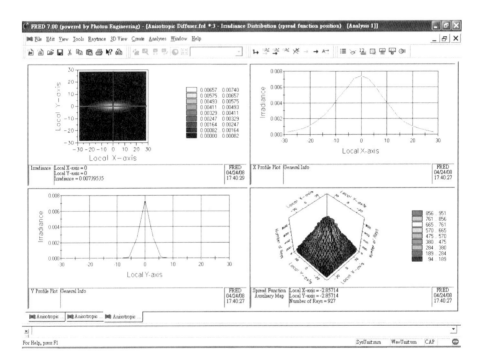

圖7-57　照度分佈圖

　　第四部份是介紹FRED如何匯入光源檔案，如Prosource匯出的光源檔、ASAP的光源檔案……等等。首先選擇Create New Detailed Optical Source，選擇光源的發光形式是User defined rays，如圖7-59和7-60所示。

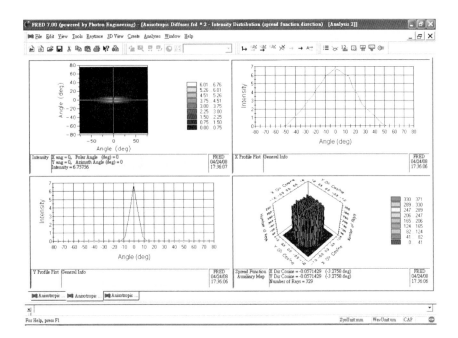

圖7-58　光強度分佈圖

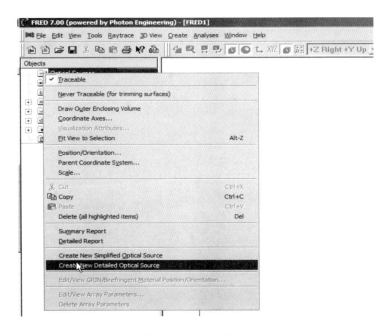

圖7-59　建立光源

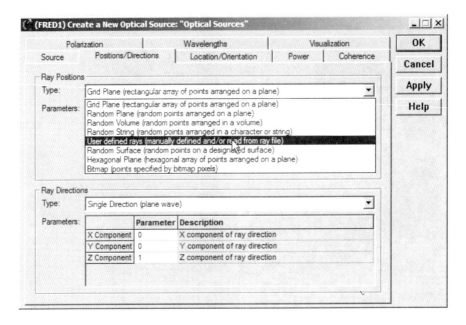

圖7-60　設定光源發光形式

接著載入光源的檔案，而FRED可支援光源的格式很多，如FRED、ASAP、TracePro、OSLO、Zemax、LightTools…等軟體的光源格式。使用滑鼠右鍵點選X Pos或Y Pos…等的輸入欄位，會出現一個選單，選擇選單中的Replace With Rays From a File載入光源檔案，如圖7-61和7-62所示，在此以載入ASAP的光源檔案為例，載入之後，會出現Read Ray File的對話視窗，點選OK鈕（圖7-63），建立完成之後，可以立即在立體顯示視窗中，看見所建立的光源，如圖7-64所示。

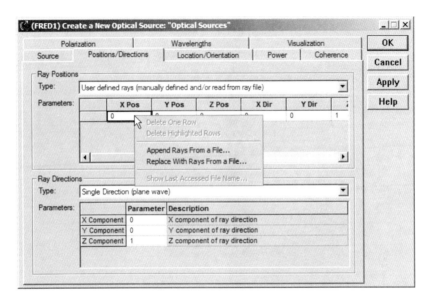

圖7-61　匯入光源檔案

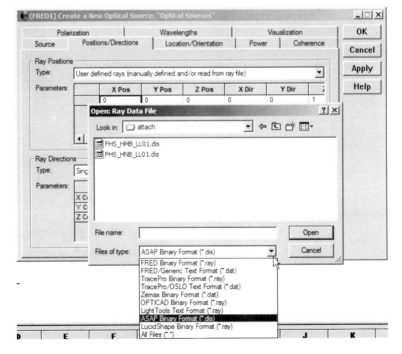

圖7-62　選擇匯入光源檔案

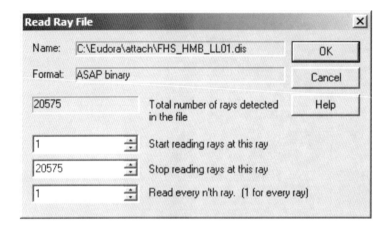

圖7-63　光源檔案資訊

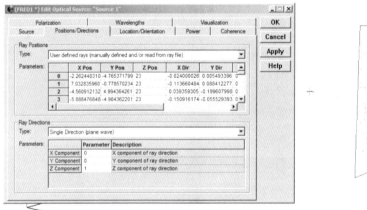

圖7-64　完成匯入光源檔案

第八章

白光 LED 應用實例

8.1　課程大綱

　　本實例的重點是說明在建立LED時，需要的光學參數為何，及使用FRED光學軟體時，使用者如何根據LED的規格書中的內容，建立LED的光源。

- ‧原廠網頁提供的LED光源檔案
- ‧建立LED時所需的光學參數
- ‧建立LED的發光場形
- ‧使用圖片離散取點功能建立LED的發光頻譜

8.2　系統架構圖和元件規格說明

　　原廠網站中，有提供OSRAM和Luxeon光源檔案的下載，其下載位置在http://www.photonengr.com/Download.html（圖8-1），下載的內容包括FRED的檔案和LED的規格資料。

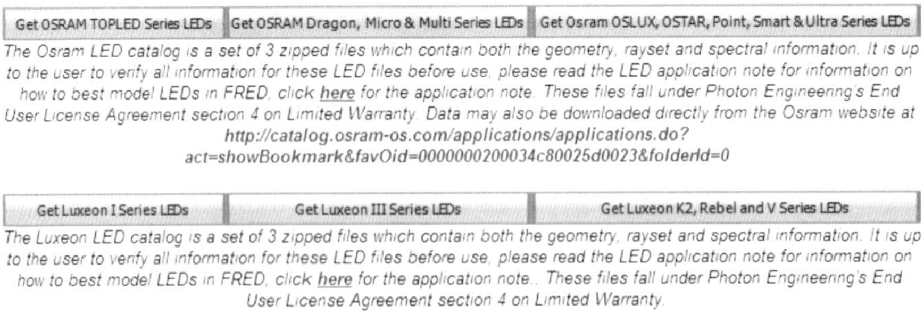

| Get OSRAM TOPLED Series LEDs | Get OSRAM Dragon, Micro & Multi Series LEDs | Get Osram OSLUX, OSTAR, Point, Smart & Ultra Series LEDs |

The Osram LED catalog is a set of 3 zipped files which contain both the geometry, rayset and spectral information. It is up to the user to verify all information for these LED files before use, please read the LED application note for information on how to best model LEDs in FRED, click here for the application note. These files fall under Photon Engineering's End User License Agreement section 4 on Limited Warranty. Data may also be downloaded directly from the Osram website at http://catalog.osram-os.com/applications/applications.do?act=showBookmark&favOid=0000000200034c80025d0023&folderId=0

| Get Luxeon I Series LEDs | Get Luxeon III Series LEDs | Get Luxeon K2, Rebel and V Series LEDs |

The Luxeon LED catalog is a set of 3 zipped files which contain both the geometry, rayset and spectral information. It is up to the user to verify all information for these LED files before use, please read the LED application note for information on how to best model LEDs in FRED, click here for the application note. These files fall under Photon Engineering's End User License Agreement section 4 on Limited Warranty.

圖8-1　LED下載

　　本實例是使用OSRAM的LW T6SG-V1AA-5K8L的白光LED（圖
8-2），使用FRED光學軟體模擬LED時所需要的光學參數，LED的幾
何尺寸、發光強度、配光曲線和發光頻譜，可在LED的規格資料找
到，如圖8-3到8-6所示。

圖8-2

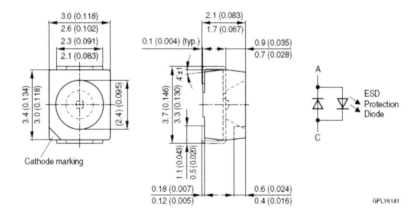

圖8-3　　LED的幾何尺寸

Typ	Emissions-farbe	Lichtstärke[1] *Seite 17*	Lichtstrom[2] *Seite 17*	Bestellnummer
Type	Color of Emission	Luminous Intensity[1] *page 17* $I_F = 20$ mA I_V (mcd)	Luminous Flux[2] *page 17* $I_F = 20$ mA Φ_V (mlm)	Ordering Code
LW T6SG-V1AA-5K8L	white	710 ...1400	3150 (typ.)	Q65110A3639

圖8-4　LED的發光強度

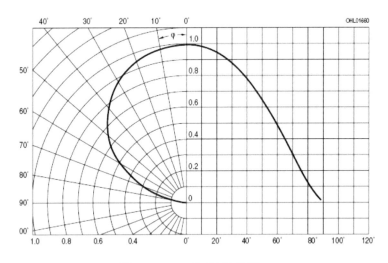

圖8-5　LED的配光曲線

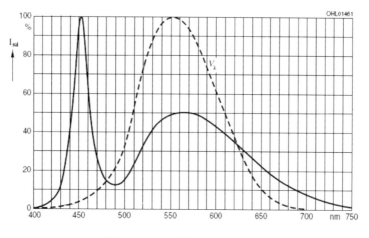

圖8-6　LED的發光頻譜

8.3　光學系統建立流程

開啟LED的FRED檔案，檔案中有已建立的LED光源和幾何模型（圖8-7），因為本實例為示範，若使用者只有LED的規格書，如何建立LED光源，因此，將光源和分析平面刪除，如圖8-8所示。

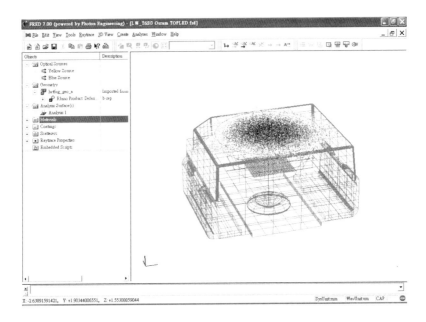

圖8-7　OSRAM LED

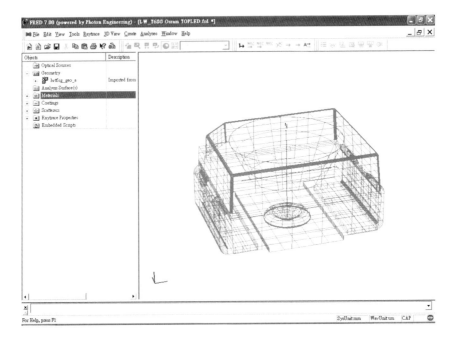

圖8-8　LED幾何模型

　　在FRED檔案中，沒有LED的Chip物件，且在LED的規格說明書中，根據LED的幾何尺寸，算出LED的Chip尺寸為0.18 mm×0.18 mm×0.11mm，選擇Create New Lens建立LED Chip（圖8-9），並輸入其參數，如圖8-10和8-11所示，建立完成之後，如圖8-12所示。

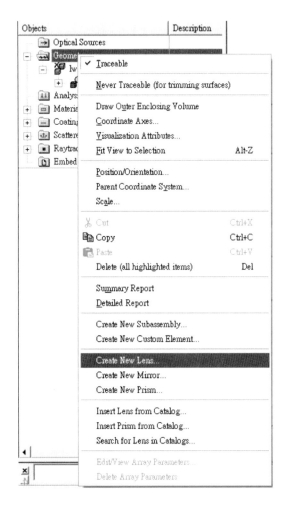

圖8-9　建立LED Chip

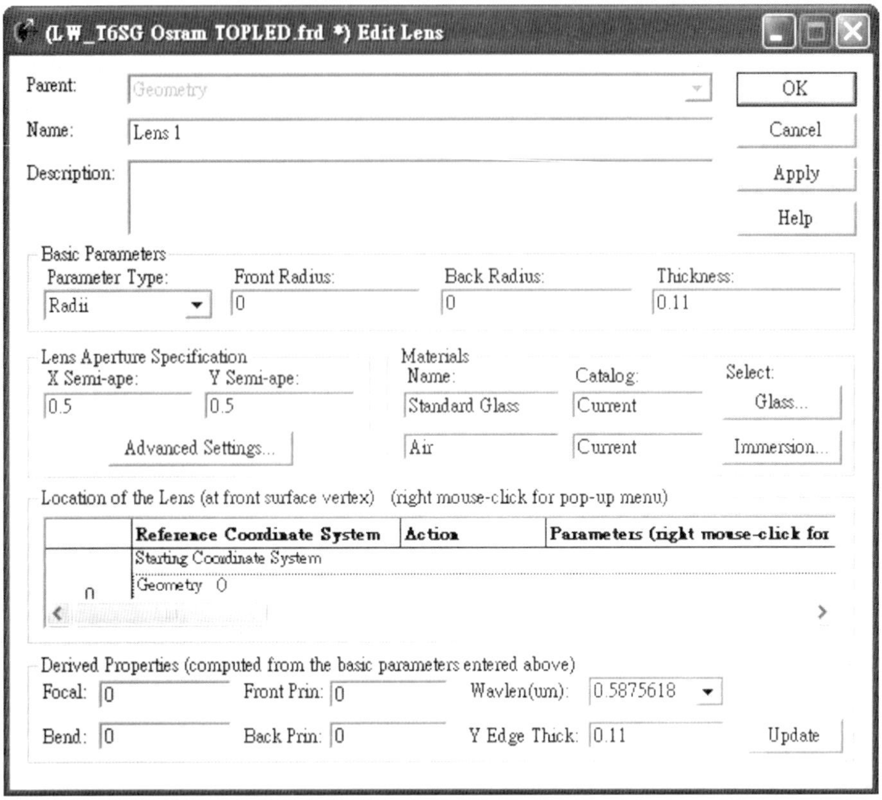

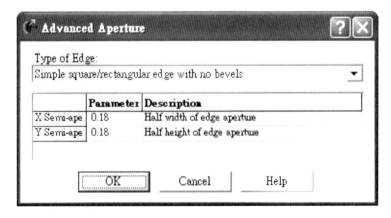

圖8-10　設定Chip的厚度

圖8-11　設定Chip的尺寸

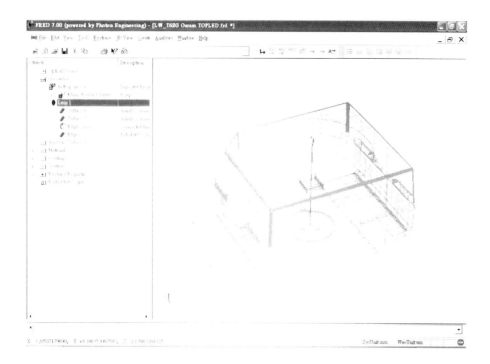

圖8-12　LED Chip

　　根據LED的規格建立LED光源，選擇Create New Detailed Optical Source（圖8-13），輸入光源的名稱為LED Source Set（圖8-14），切換到Positions/Directions頁面，設定LED的發光形式為Random Source，Lens 1.Surface 2為發光表面，並輸入光線數目和其它設定，如圖8-15所示。

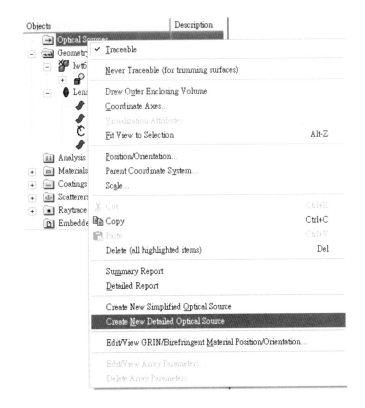

圖8-13 建立LED光源

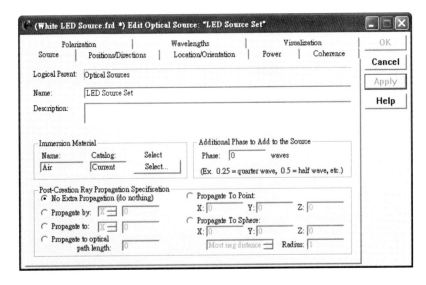

圖8-14 輸入LED光源的名稱

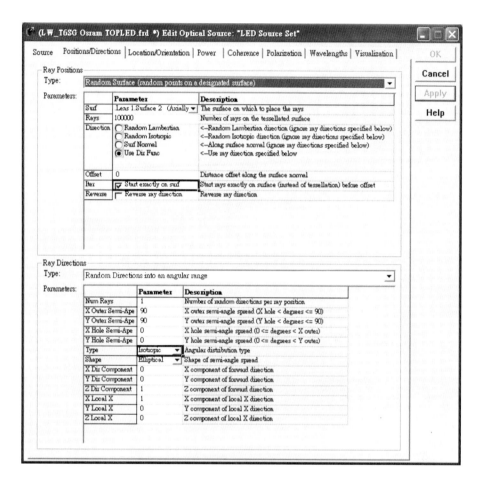

圖8-15　設定LED光源的發光形式

接下來設定LED的發光強度為3.15，和LED的發光場形；根據LED的配光曲線建立LED的發光場形，選擇Append Polar Angle（圖8-16），輸入完成之後，如圖8-17所示。

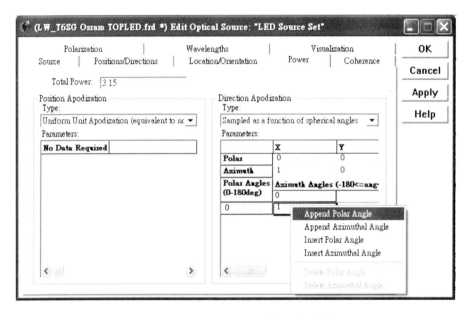

圖8-16　設定LED光源的發光強度

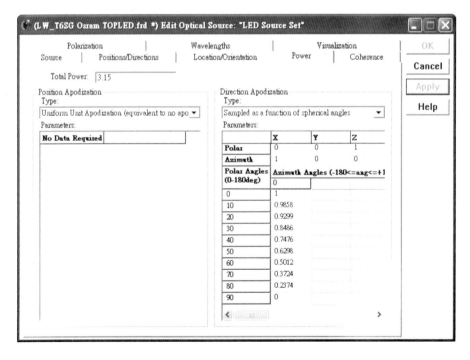

圖8-17　設定LED光源的配光曲線

接著介紹如何使用圖片離散取點(Digitization Curve)的功能，輸入光源的波長和權重，選擇Digitize From Image（圖8-18），會出現Digitize Data From Graph對話視窗，選擇Select Image按鈕（圖8-19），載入LED的發光頻譜圖，圖中X軸為波長，Y軸為相對強度（圖8-20），載入成功之後，如圖8-21所示。

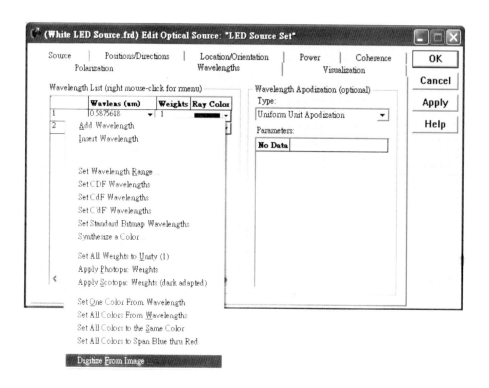

圖8-18　設定LED光源波長

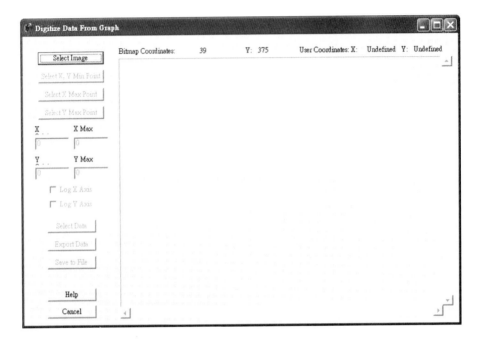

圖8-19　圖片離散取點

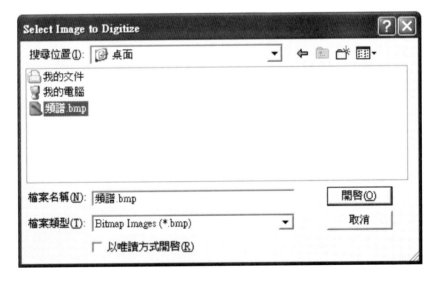

圖8-20　選擇LED光源的頻譜圖

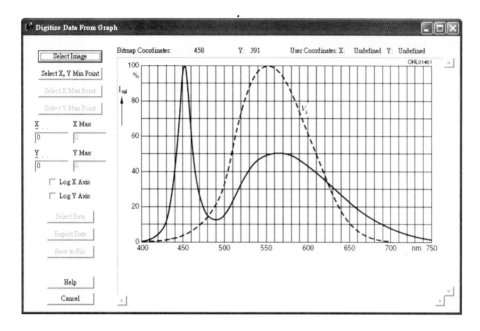

圖8-21　載入LED光源的頻譜圖

　　欲取得曲線上的數值，首先，先要設定參考位置，接著設定原點，相對於圖中的波長在400nm，相對強度為0的位置，選擇Select X, Y Min Point按鈕，並使用滑鼠左鍵，點選頻譜圖中的原點，接著在X欄位輸入0.4，Y欄位輸入0（圖8-22），下一步選擇Select X Max Point按鈕，設定X軸最大值，並使用滑鼠左鍵，點選頻譜圖中的波長為750nm的位置，接著在X Max欄位輸入0.75（圖8-23），依照同樣的方式，設定Y軸最大值，如圖8-24所示。

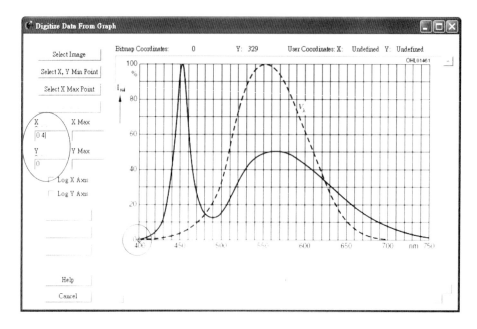

圖8-22　設定參考原點

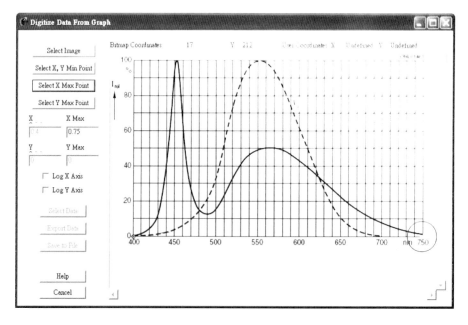

圖8-23　設定X軸最大值

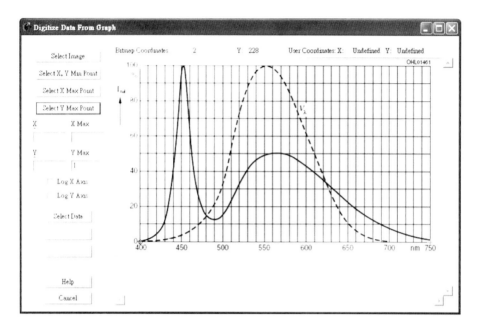

圖8-24　設定Y軸最大值

　　在設定完圖中的參考位置之後，接著選擇Select Data按鈕，使用滑鼠左鍵，點選頻譜圖中的曲線（圖8-25），再選擇Export Data按鈕，取出的曲線的數值，輸出至光源的波長和權重欄位中，如圖8-26所示。

　　輸出波長和權重之後，發現每一個波長的顏色都是黑色的，FRED可以一次設定所有的波長的顏色，使用滑鼠右鍵點選Ray Color欄位，會出現一個選單，選擇選單中的Set All Colors From Wavelengths（圖8-27），其顏色都是對應實際波長的顏色，如圖8-28所示。

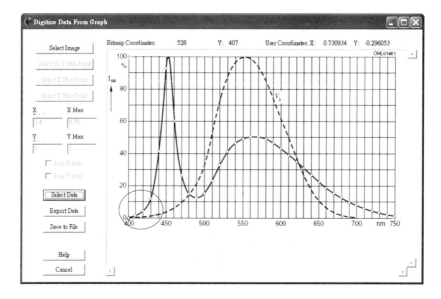

圖8-25　選擇資料

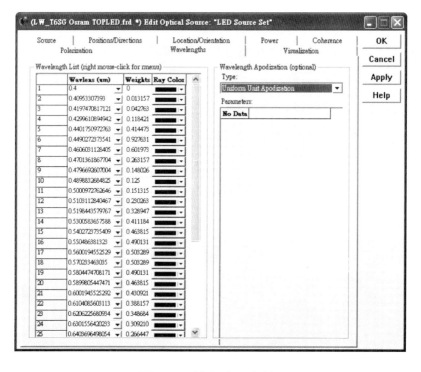

圖8-26　輸出波長資料

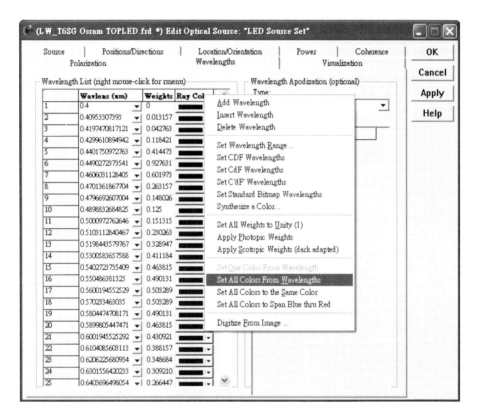

圖8-27　設定光線顏色

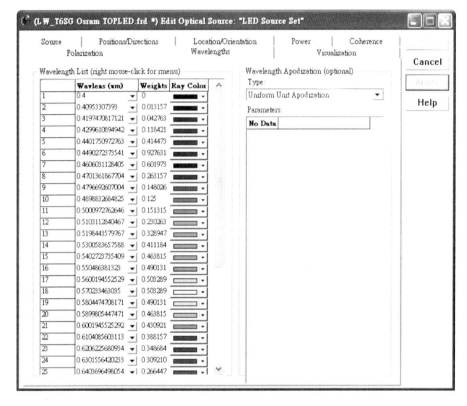

圖8-28 設定光線顏色完成

8.4 模擬結果分析

接著分別建立的兩個平面，觀看LED光源的發光場形，和LED光源的顏色，首先，建立第一個平面，選擇Create New Custom Element（圖8-29），輸入名稱為Receiver（圖8-30），再選擇Create New Surface（圖8-31），輸入名稱為Intensity（圖8-32），並設定表面的

孔徑和特性,如圖8-33和8-34所示,選擇Position/Orientation,設定
表面的位置,如圖8-35和8-36所示,依照同樣的流程,建立第二個表
面,如圖8-37到8-41所示。

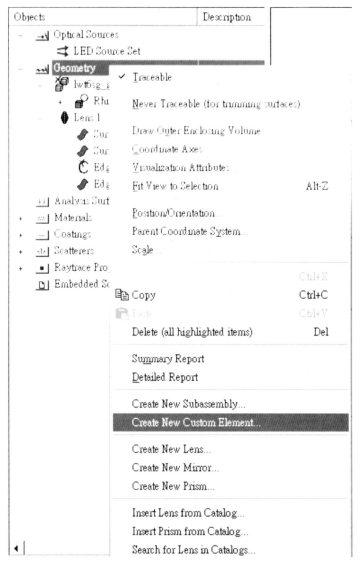

圖8-29　建立表面的物件

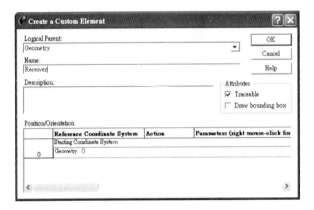

圖8-30　輸入物件的名稱

圖8-31　建立表面

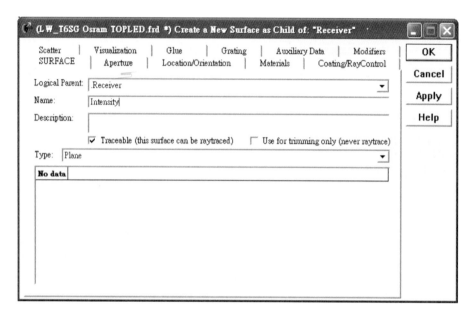

圖8-32　輸入表面名稱

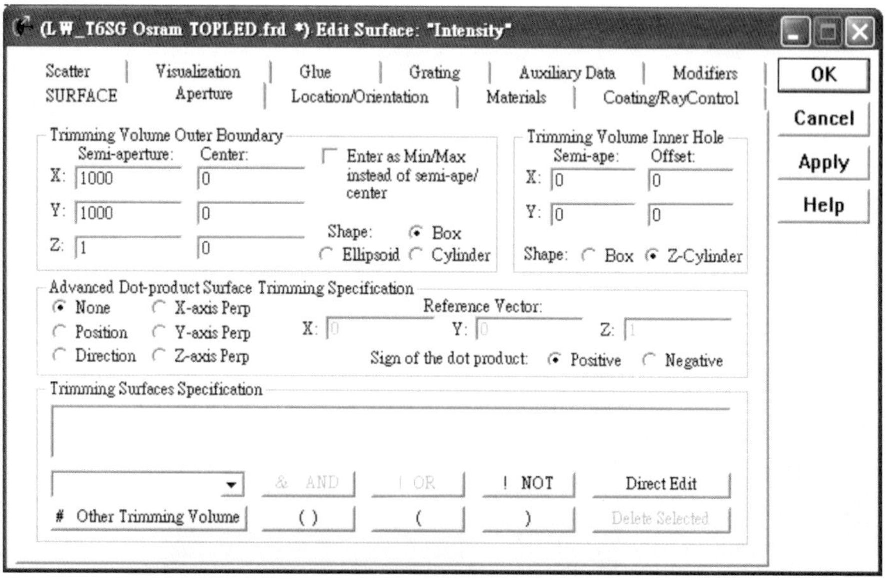

圖8-33　設定表面的孔徑

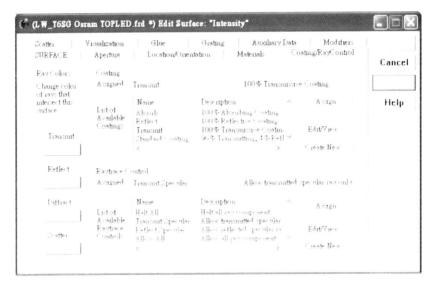

圖8-34　設定表面的特性

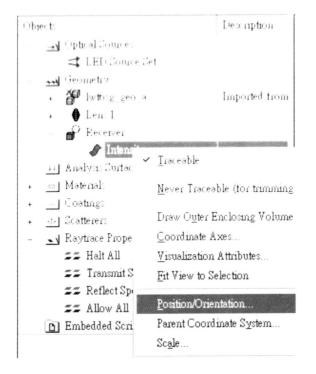

圖8-35　移動表面

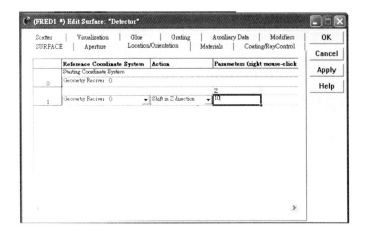

圖8-36　移動表面的位置

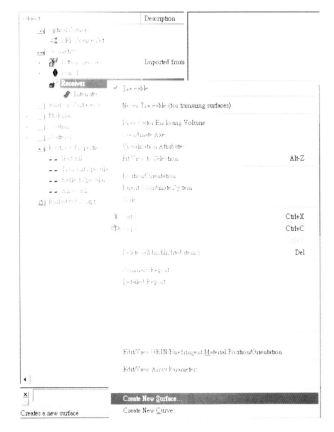

圖8-37　建立表面

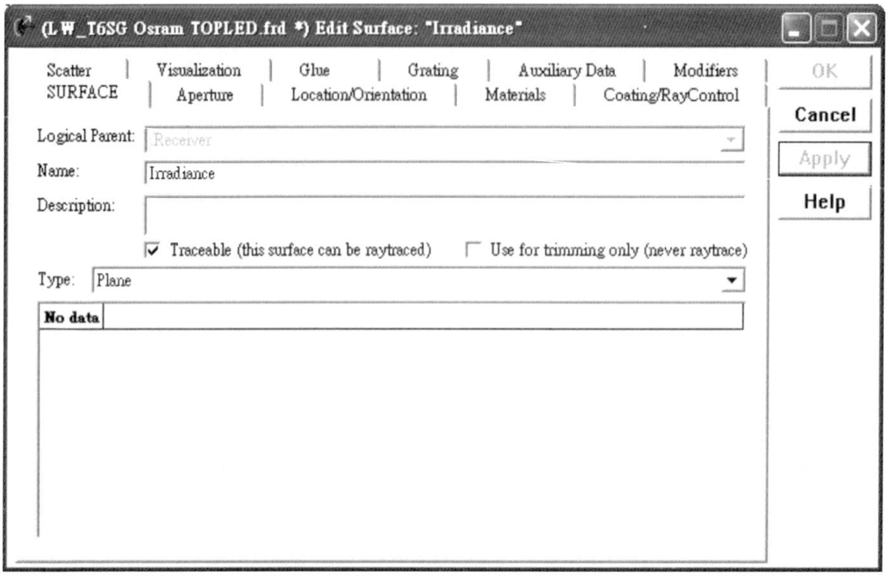

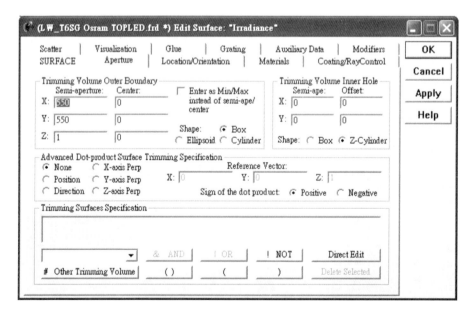

圖8-38　輸入表面的名稱

圖8-39　設定表面的孔徑

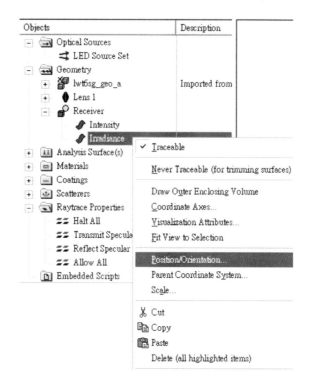

圖8-40　移動表面

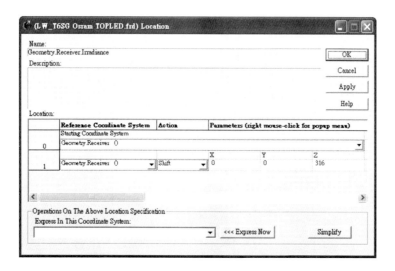

圖8-41　移動表面的位置

接著分別建立兩個分析平面。首先，選擇New Analysis Surface建
立第一個平面（圖8-42），輸入分析平面的參數（圖8-43），依照同
樣的流程，建立第二個，如圖8-44和8-45所示。

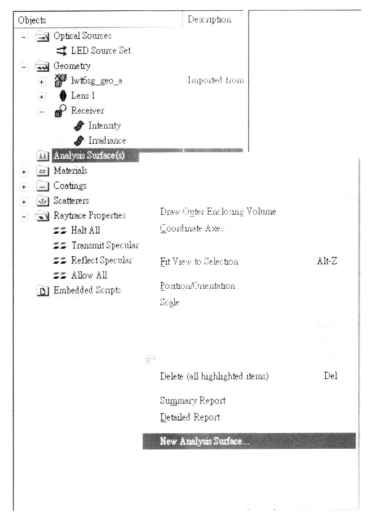

圖8-42　建立分析平面

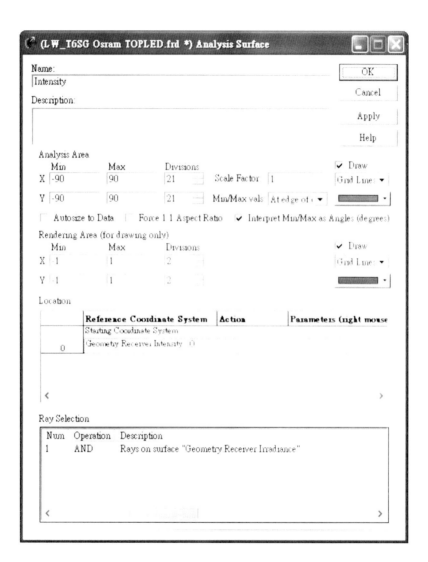

圖8-43　設定分析平面的參數

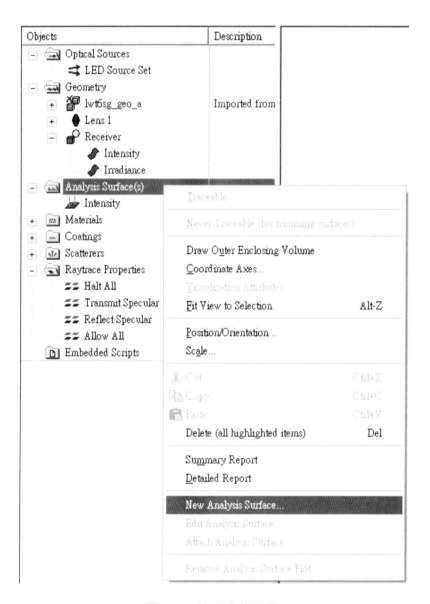

圖8-44 建立分析平面

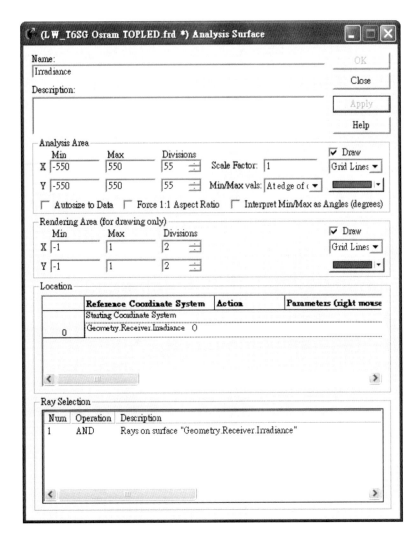

圖8-45　設定分析平面的參數

由於Intensity表面距離LED光源距離為10mm，Irradiance表面距離LED光源的距離為316mm，則Intensity表面和光源的距離比Irradiance表面近，因此，若是Intensity表面設定為吸收，會造成Irradiance表面接收到的光線，部份被Intensity表面吸收。因此，

Intensity表面設定為穿透（圖8-34），且Intensity的分析平面的
Ray Selection設定，應修改為Rays on surface "Geometry.Receiver.
Irradiance"，如圖8-43所示。完成觀測面和分析平面的建立之後，選
擇Trace and Render進行光線追跡，如圖8-46所示。

　　Trace and Render光線追跡的方式與Trace All Source光線追跡不
同，Trace and Render光線追跡的方式，在光線追跡完成之後會顯示
光線的路徑，而Trace All Source光線追跡的方式，在光線追跡完成之
後不會顯示光線的路徑，因此，Trace All Source光線追跡的方式追跡
的速度較Trace and Render光線追跡的方式快，所以在此建議使用者
若是不需觀看光線的路徑，可選擇Trace All Source光線追跡的方式。

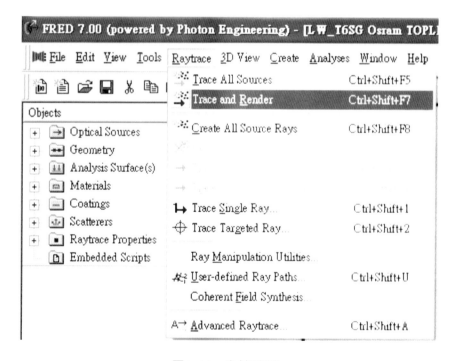

圖8-46　光線追跡

接著選擇Analyses→Intensity Spread Function（圖8-47），會出現Color Image對話視窗，選擇Intensity分析平面（圖8-48），點選OK之後，會出現LED光源的光強度分佈圖，即LED光源的配光曲線，如圖8-49所示。

選擇Analyses→Color Image（圖8-50），會出現Color Image對話視窗，選擇Irradiance分析平面（圖8-51），點選OK之後，會出現LED光源，即LED光源的顏色為白色，其CIE的x值為0.337636，和CIE的y值為0.336952，如圖8-52所示。

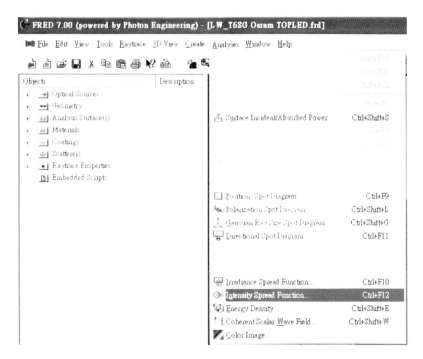

圖8-47　光強度分佈選項

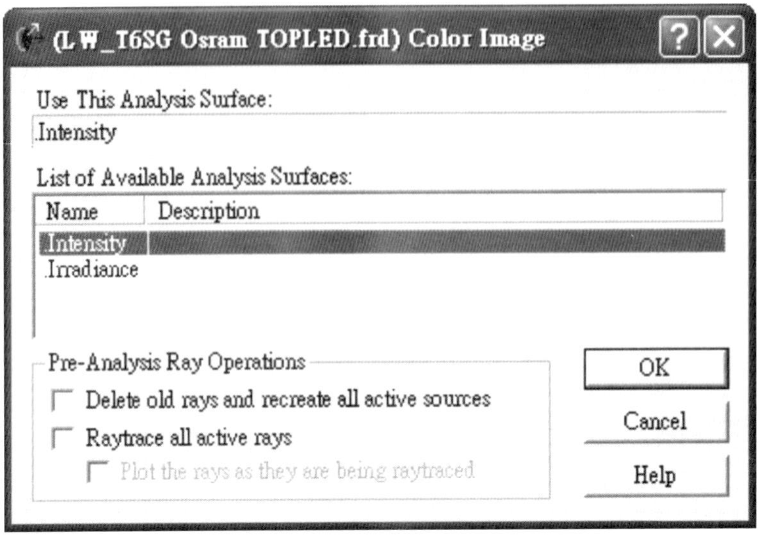

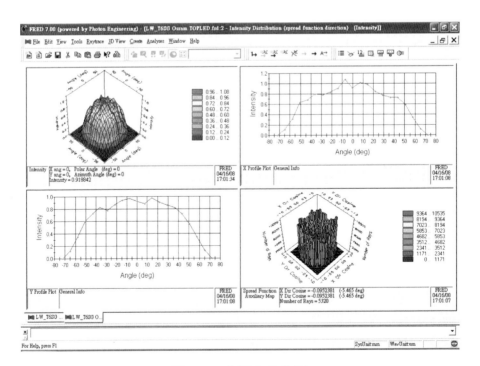

圖8-48　選擇分析平面

圖8-49　光強度分佈圖

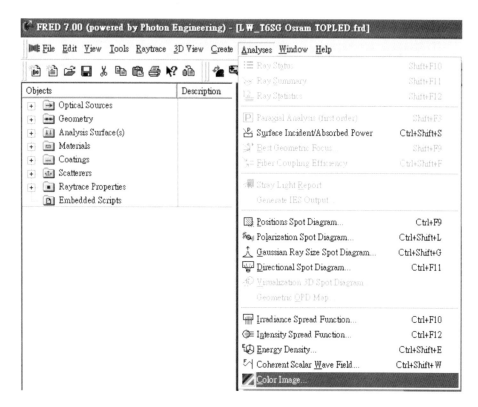

圖8-50　色彩圖像

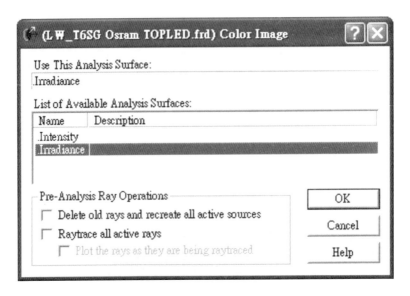

圖8-51　選擇分析平面

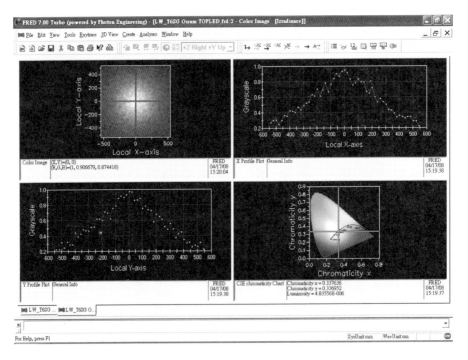

圖8-52　LED光源發光顏色

第九章

手機背光模組設計實例

9.1　課程大綱

　　本課程將指導使用者利用FRED設計手機背光板系統及網點分佈設計應用，首先建立長100mm、寬70mm、厚度5mm的PMMA背光板，建立散射網點及匯入OSRAM的LED光源模組，並將各項表面參數進行匯入，接著使用〈進階光線追跡〉來減少光線追跡時間並觀察光照度分析、光班圖分析、CIE分析。

- ・系統架構
- ・建立PMMA背光模組
- ・建立網點
- ・設定LED光源及分析面
- ・進階光線追跡設定
- ・模擬結果分析
- ・FRED網點分佈應用說明

9.2　系統架構及元件規格說明

　　手機LED背光板系統模擬，PMMA背光板長100mm、寬70mm、厚度5mm，PMMA材質，並除了在入光面及出光面外，其餘表面進行反射表面特性處理，如圖9-1至圖9-3所示。

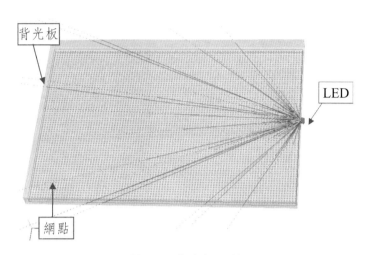

圖9-1　背光板系統

圖9-2　OSRAM LED LW_Y8SG的俯視圖

圖9-3　OSRAM LED的實體元件圖

9.3 光學系統建立流程

9.3.1 背光板建立

　　本課程將由背光板幾何物件結構建立開始逐步介紹〈手機LED背光模組〉的建立、模擬及分析流程，開始我們將要建立的為背光板的物件結構的7個表面，為結束面（End）、入光面（Entrance）、正值X側面（Pos X Side）、負值X側面（Neg X Side）、底面（Bottom）、頂面（Top）、底部反射面（Refl Sheet），將背光板加入透明化的視覺參數設定以方便光線追跡時的觀察，設定背光板的PMMA材料，設定Pos X Side、Neg X Side、End、Refl Sheet表面反射特性，最後針對背光板元件光線追跡控制設定為Allow All，如下圖9-4到9-8進行建立。

1. 建立結束面（End）：開啟新的FRED專案後，在Geomrtry下建立一個新的Custom Element並更名為PMMA Sheet，在PMMA Sheet Element下建立一個新的表面，修改名稱為End，邊界半徑X＝35mm、Y＝2.5mm、Z＝1mm，接著進行位置調整，新增二個控制列，先將End面沿Z軸位移 -100mm，再沿Y軸做90度的旋轉，即完成End面之設定，如圖9-4到9-8。

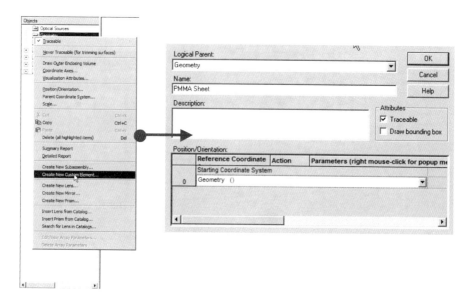

圖9-4　建立PMMA背光板 Custom Element

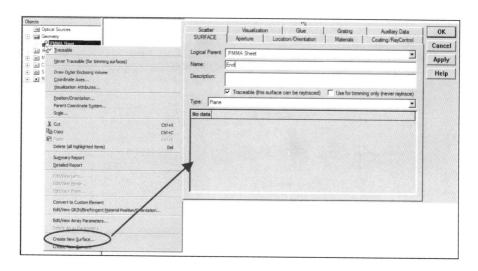

圖9-5　在背光板Element下，建立新的表面End

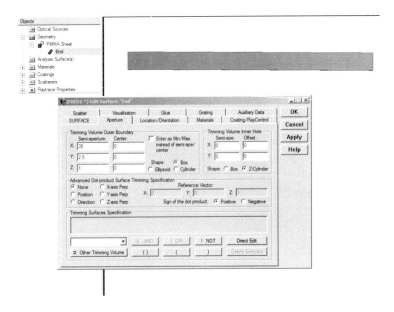

圖9-6　修改End面邊界設定，以符合尺寸大小

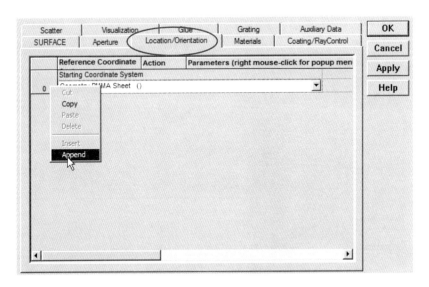

圖9-7　選擇Location/Orientation分頁，並新增2個控制列

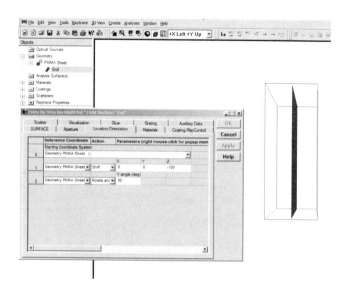

圖9-8　沿Z軸位移-100mm及沿Y軸旋轉90度

2. 建立入光面（Entrance）：選取End面複製後在PMMA Sheet
   Element下進行貼上的動作，接著調整位置設定，只要將Z軸位移
   -100mm控制列刪除即可完成入光面建立，如圖9-9到9-12步驟建
   立。

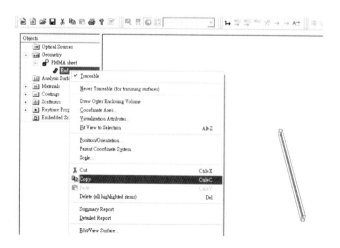

圖9-9　複製End面

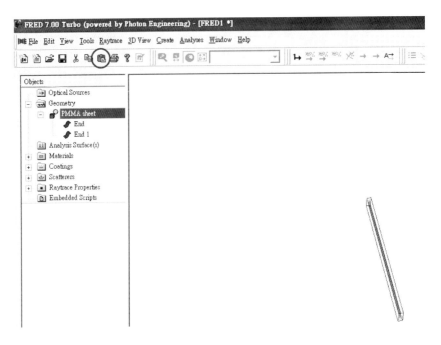

圖9-10　貼上End面

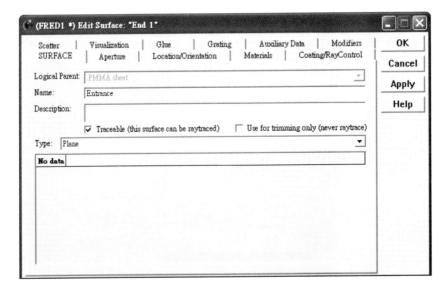

圖9-11　修改表面名稱為 Enerance

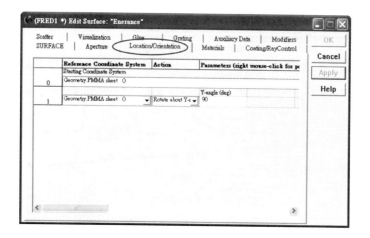

圖9-12　調整表面位置

3. 建立負值X側面（Neg X Side）：再次複製End面並貼上，修改名稱Neg X Side，修改邊界大小X半徑50mm、Y半徑2.5mm，調整位置沿X軸位移 -50mm、Z軸35mm，如圖9-13到9-17步驟建立。

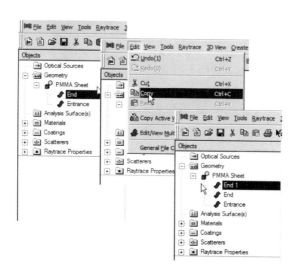

圖9-13　再次複製End面並貼上

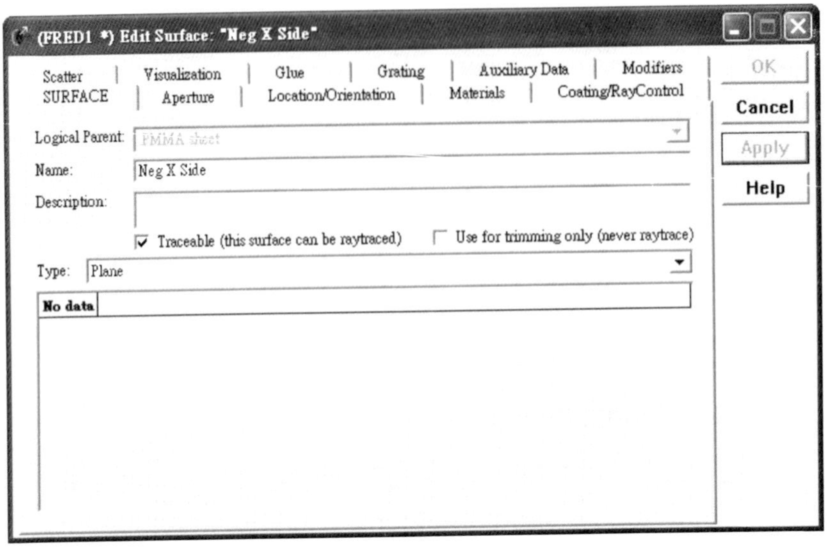

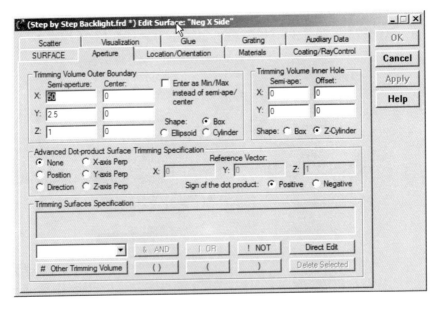

圖9-14　修改名稱Neg X Side

圖9-15　修改邊界大小X半徑50mm、Y半徑2.5mm

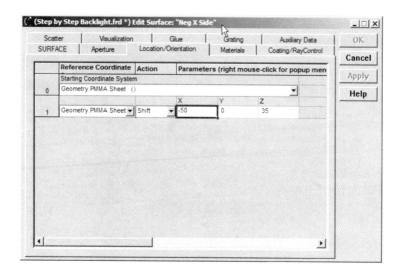

圖9-16　調整表面位置沿X軸位移 -50mm、沿Z軸35mm

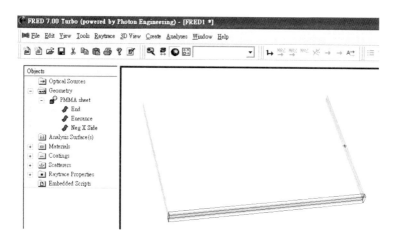

圖9-17　建立完成的3個表面

4. 建立正值X側面（Pos X Side）：複製Neg X Side面並貼上，修改名
　稱Pos X Side，調整位置沿X軸位移 -50mm、Z軸-35mm，如圖9-18
　到9-21步驟建立。

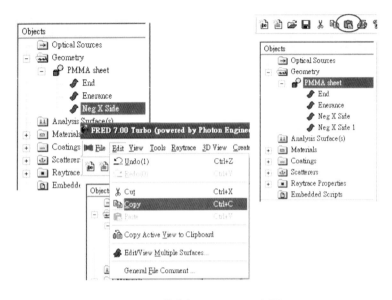

圖9-18　複製Neg X Side表面

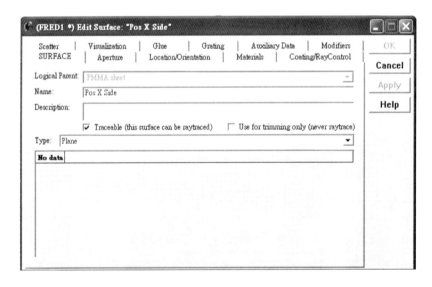

圖9-19　修改名稱為Pos X Side

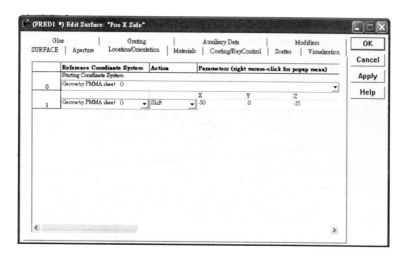

圖9-20　調整位置為沿X位移 -50mm、Z軸 -35mm

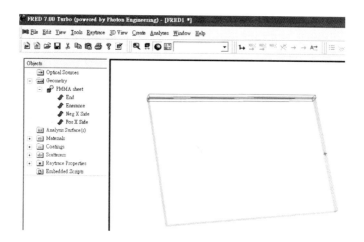

圖9-21　建立完成的4個表面

5. 建立底面（Bottom）：再次複製End面並貼上，修改名稱Bottom，
   修改邊界大小X半徑50mm、Y半徑35mm，調整位置沿X軸旋轉90
   度、沿X方向位移 -50mm、Y方向位移-2.5mm ，如圖9-22到9-26步
   驟建立。

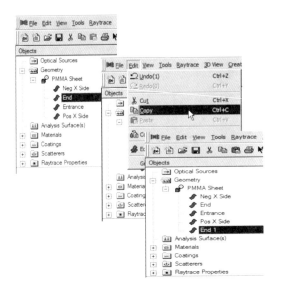

圖9-22　再次複製End面

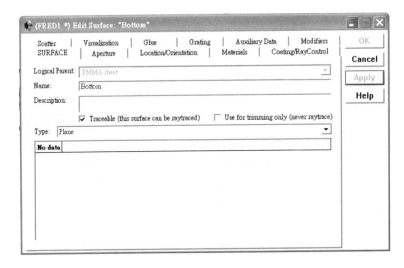

圖9-23　修改表面名稱為Bottom

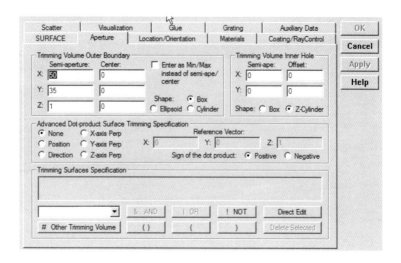

圖9-24　修改表面邊界X半徑50mm、Y半徑35mm

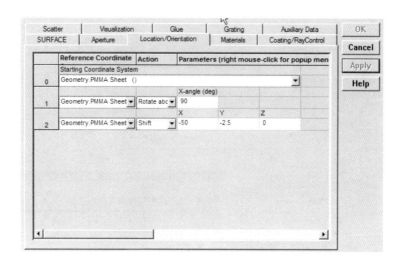

圖9-25　調整表面位置，沿X軸旋轉90度、沿X軸位移-50mm、沿Y軸位移-2.5mm

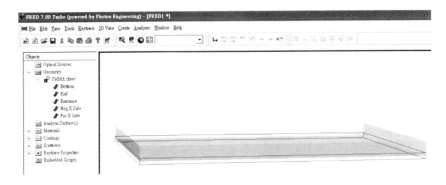

圖9-26　Bottom面建立完成

6. 建立頂面（Top）：複製Bottom面並貼上，調整位置沿X軸旋轉90
度、沿X方向位移 -50mm、Y方向位移2.5mm ，如圖9-27到9-30步
驟建立。

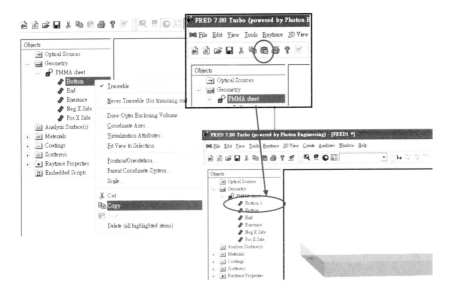

圖9-27　複製Bottom面並貼上

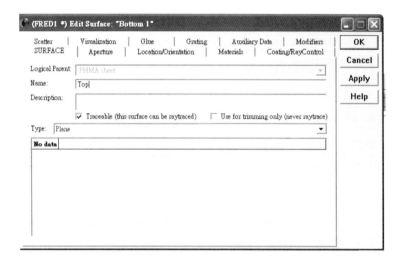

圖9-28　修改表面名稱為Top

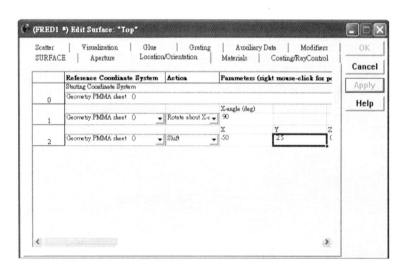

圖9-29　調整表面位置，先沿X軸旋轉90度、沿X軸位移-50mm、沿Y軸位
　　　　移2.5mm

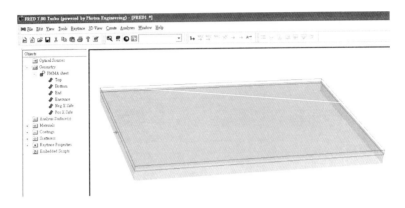

圖9-30　完成Top面設定

7. 建立底部反射面（Refl Sheet）：複製Bottom面並貼上，調整位置
沿X軸旋轉90度、沿X軸位移 -50mm、Y軸位移 -2.6mm 如圖9-31到
9-33。

圖9-31　複製Bottom表面

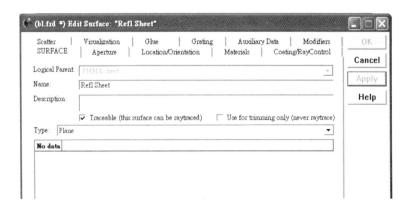

圖9-32　修改表面名稱為Refl Sheet

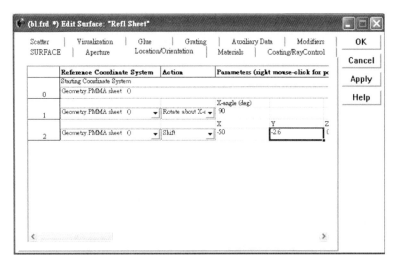

圖9-33　修改表面位置

8. 背光板系統視覺化參數設定：為了方便結果分析時的光線觀察，
使用者可以透過調整視覺參數的方式，將不透明的物件設定為半
透明，Opacity參數介於（0.0～1.0）數值越小越透明，步驟如圖
9-34到9-36。

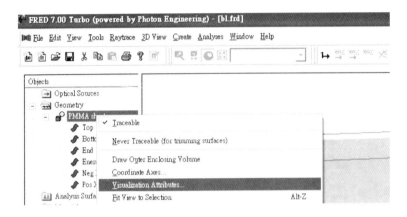

圖9-34　開啓背光板的視覺參數設定

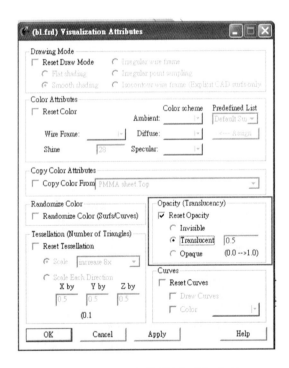

圖9-35　設定物件透明化參數

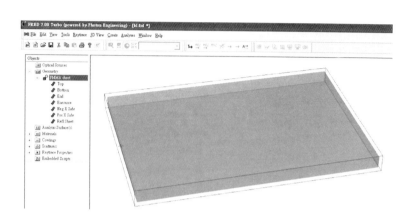

圖9-36 完成視覺參數設定的PMMA背光板

9. 將背光板的各項參數設定：

本系統的背光板材質為PMMA，使用者可以由FRED內建的材質資料庫中快速的找到PMMA的材料特性，並利用表面參數設定介面設定每個表面的材料特性；接著設定Pos X Side、Neg X Side、End表面反射特性，壓著鍵盤Ctrl點選表單中Pos X Side、Neg X Side、End幾個表面，將表面參數選單改為Coating再選擇Reflect表面特性後，按下Replace；同樣步驟將Entrance、Top、Bottom設定成Uncoated，再把位於底面下方的反射片Ref sheet進行反射特性設定；最後將PMMA Sheet中表面的Raytrace Control設定為Allow All；步驟如圖9-37到圖9-47所示進行設定。

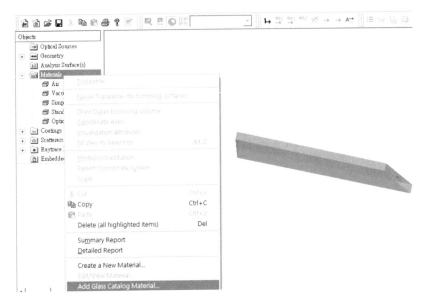

圖9-37　開啟材質參數資料庫

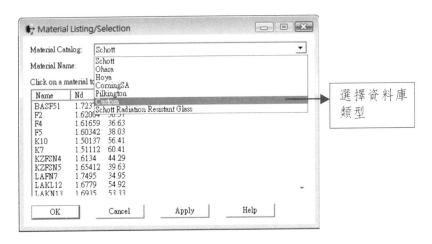

圖9-38　選擇資料庫類型為Custom

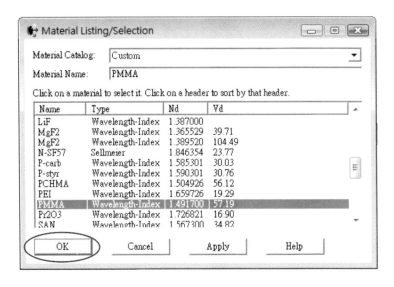

圖9-39　選擇PMMA材質並按下Apply後關閉視窗

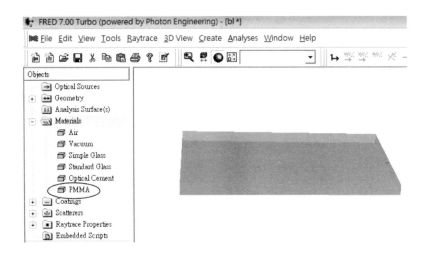

圖9-40　可在Materials中找到新增的材料

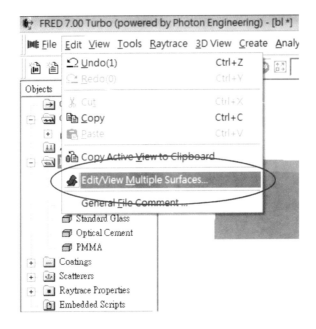

圖9-41　開啓表面參數設定介面

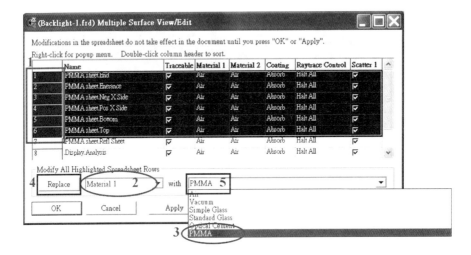

圖9-42　框選表面1-6，並選擇修改Material 1

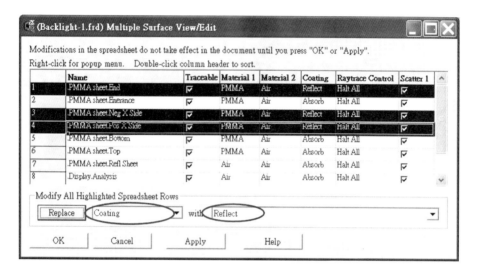

圖9-43　設定反射特性

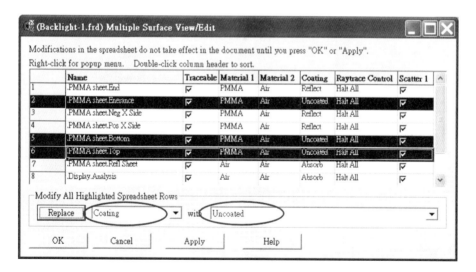

圖9-44　設定無塗層的表面特性

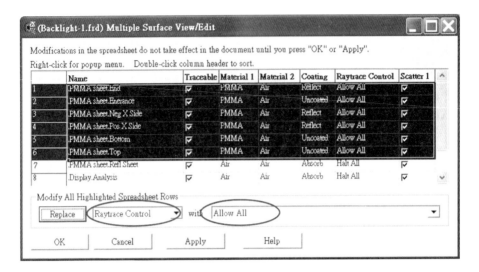

圖9-45　設定PMMA sheet中所有表面的光線追跡控制設定

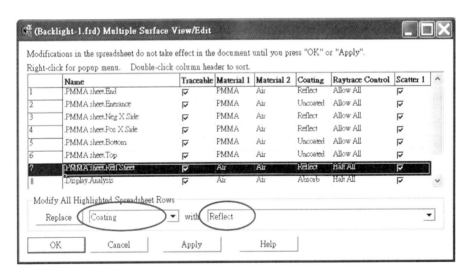

圖9-46　設定反射片表面特性

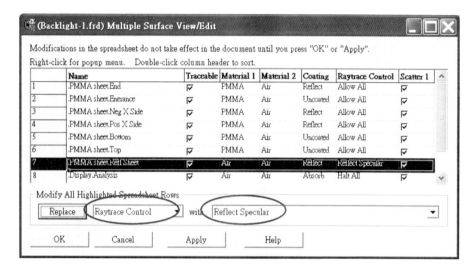

圖9-47　設定反射片光線追跡特性

9.3.2　網點建立

　　本LED背光板系統中，在底面有一層具有散射特性、半徑大小為0.3mm圓面進行網點分佈，分佈方式為每隔1mm放置的陣列分佈，首先建立一個新的圓面，半徑為0.3mm，選擇Location/Orientation分頁，調整表面在背光板的位置，先新增2個位置控制列，並先將圓面沿X軸做90度旋轉，再沿X方向位移-1mm、Y方向位移-2.5mm、Z方向位移-33mm，接著選擇Coating/Raycontrol分頁設定表面特性為Reflect，光線追跡控制為Allow All，選擇Materials分頁，將網點面的2個材質參數皆設定為PMMA只要再建立網點的散射特性及散射方向，網點表面設定就完成了，接著我們開啟陣列設定介面將此網點坐陣列分佈，步驟如下圖9-48到圖9-66。

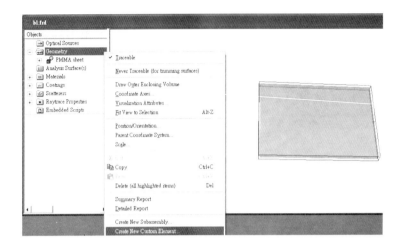

圖9-48　建立一個新的Custom Element

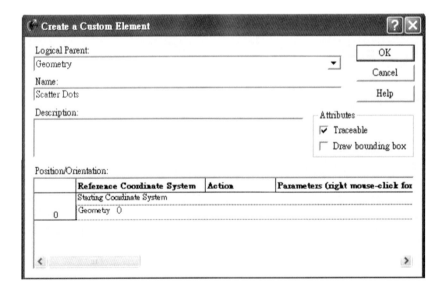

圖9-49　修改名稱為Satter Dots

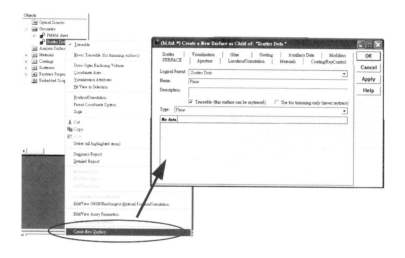

圖9-50　建立新表面並修改名稱為Plane

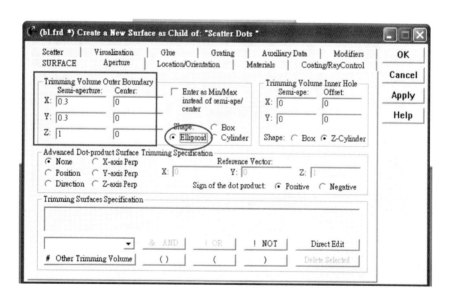

圖9-51　設定邊界大小為半徑0.3mm之圓面

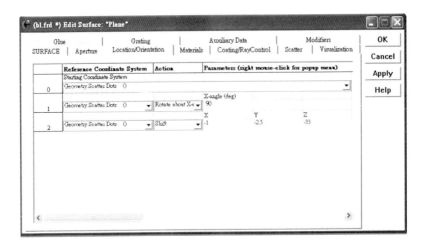

圖9-52　調整位置：沿X軸旋轉90度，沿X方向位移 -1mm、Y方向
-2.5mm、Z方向-33mm

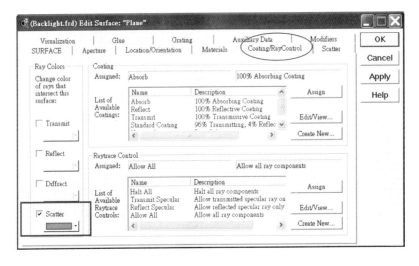

圖9-53　設定散射效果改變光線顏色

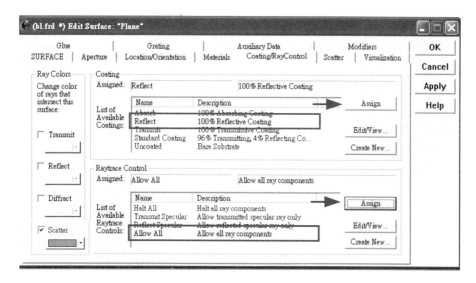

圖9-54　設定表面反射特性及光線控制為Allow All

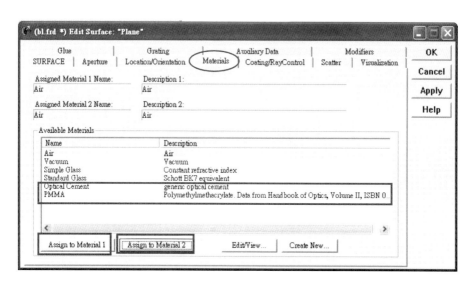

圖9-55　指定材料特性為PMMA

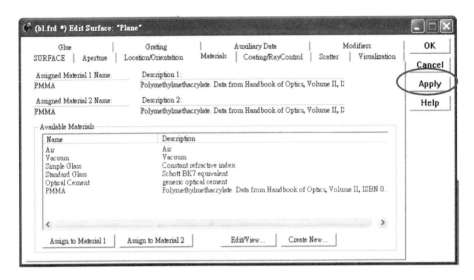

圖9-56　全部設定完成後不要忘了按下Apply

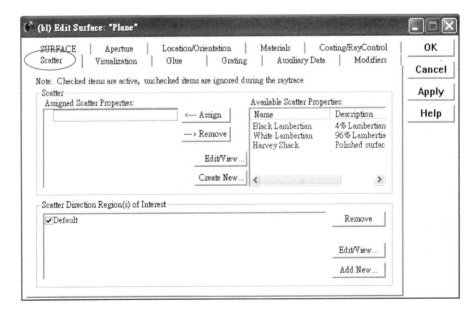

圖9-57　選擇Scatter分頁

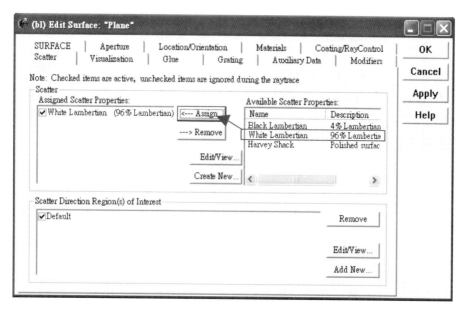

圖9-58　選擇White Lambertian並按下Aassign

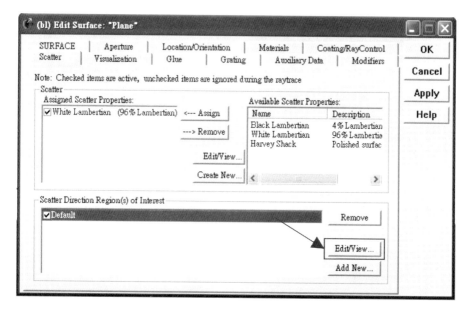

圖9-59　用Edit鈕進行Default的散射方向設定修改

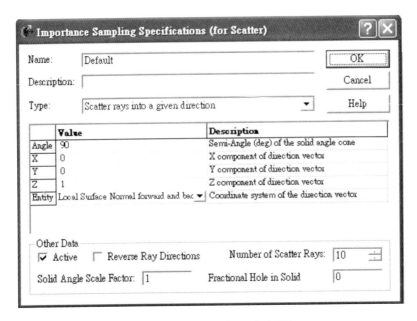

圖9-60　散射方向設定介面

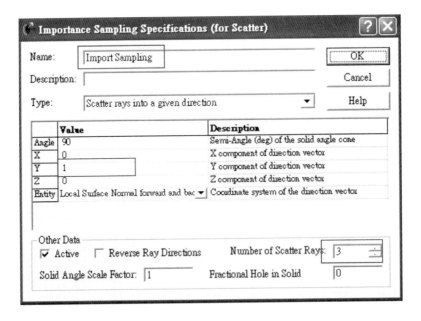

圖9-61　修改名稱為Import Sampling，發光方向為Y，即每條光線散射光
　　　　線為3條

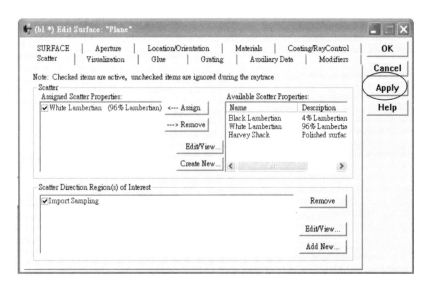

圖9-62　全部設定完成後不要忘了按下Apply

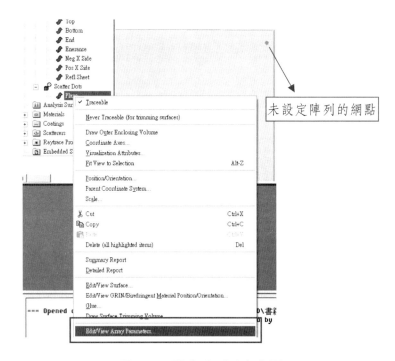

圖9-63　開啟陣列設定介面

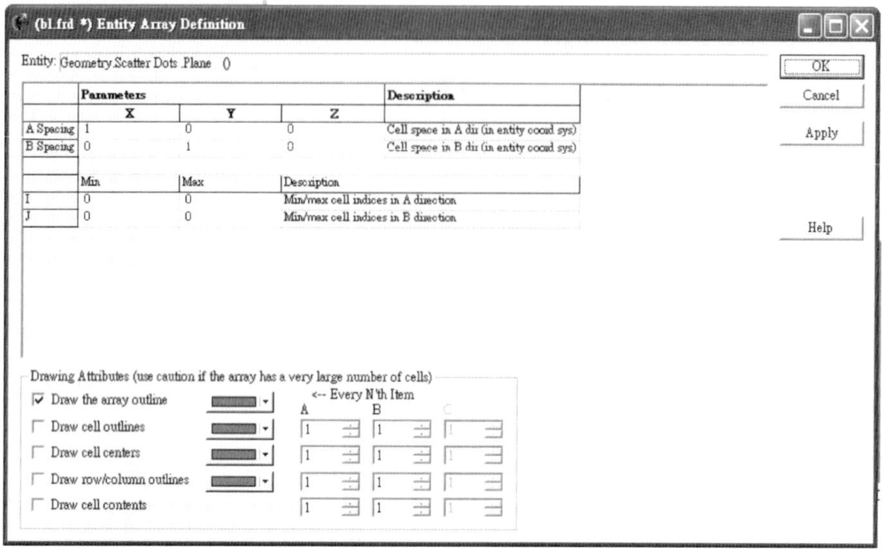

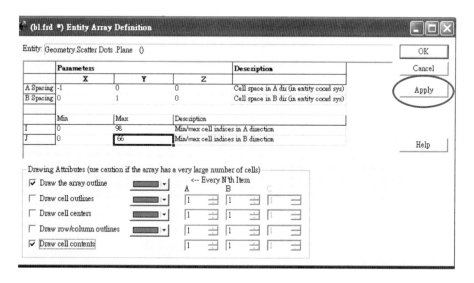

圖9-64　陣列設定介面

圖9-65　設定網點分佈方向及數量

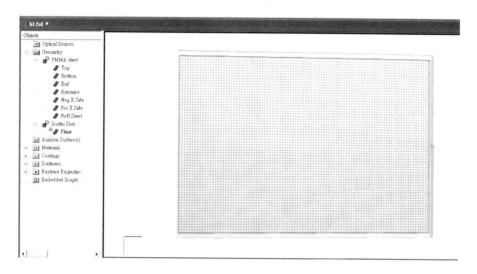

圖9-66 完成網點分佈的背光板

9.3.3 LED光源及分析面建立

本案例使用的光源為FRED原廠所提供的OSRAM LED檔案，包含了物件結構及光源設定，使用者可以在隨書附的光碟中找到LW_Y8SG Osram Micro SIDELED.frd，或在FRED原廠網頁中下載，接下將說明如何由其他檔案匯入物件及光源資訊，首先開啟光碟中的LW_Y8SG Osram Micro SIDELED.frd，接著選取物件及光源到我們所建立的背光板檔案中貼上，因貼上的物件及光源的位置並沒有符合本系統的要求，所以我們再個別選取物件及光源進行位置調整即完成了LED光源設定，如圖9-67到圖9-74。

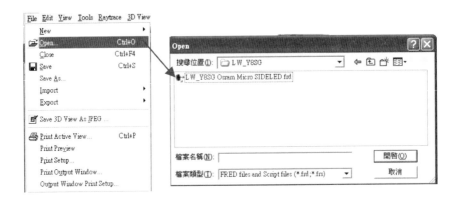

圖9-67　開啓LW_Y8SG Osram Micro SIDELED.frd

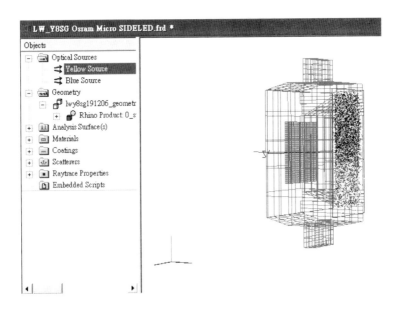

圖9-68　觀察匯入的LED

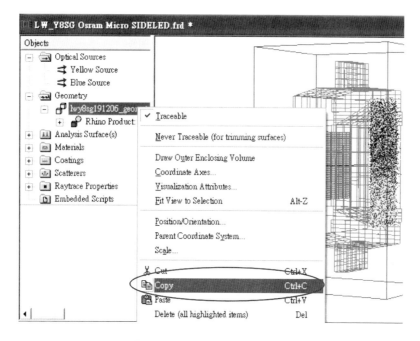

圖9-69　複製LED物件結構

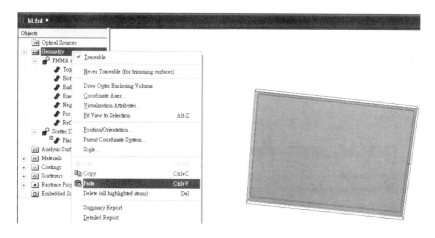

圖9-70　貼上LED物件結構

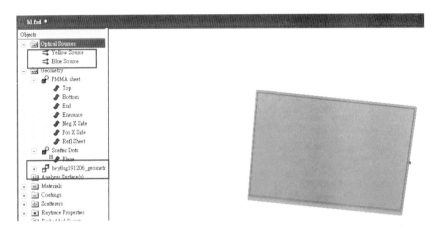

圖9-71　重複圖69、圖70動作貼上光源

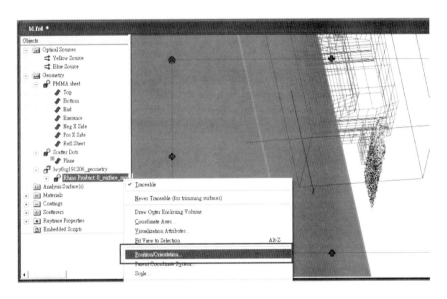

圖9-72　開啟LED物件位置設定介面

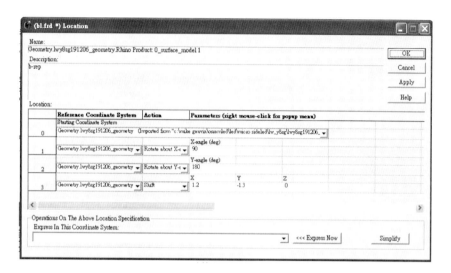

圖9-73　沿X軸旋轉90度、沿Y軸旋轉180度、沿X方向位移1.2mm、沿Y方向位移-1.3mm

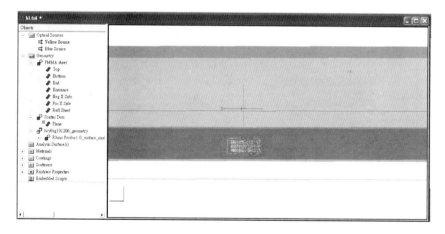

圖9-74　重複圖73數據調整2個光源位置

　　最後我們加入用來分析觀察的平面即完成本LED背光板系統的所有物件設定步驟如圖9-75到9-82。

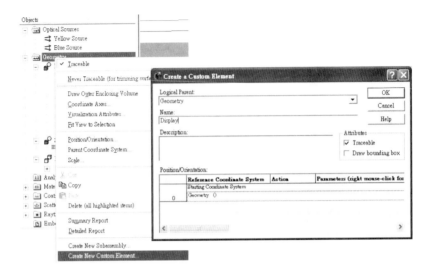

圖9-75　建立新的Custom Element並修改名稱為Display

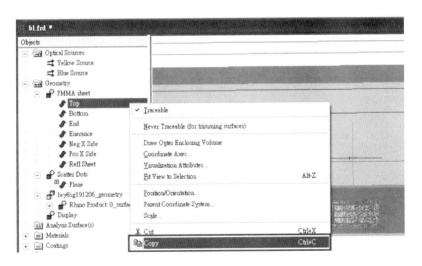

圖9-76　複製PMMA Sheet的Top表面

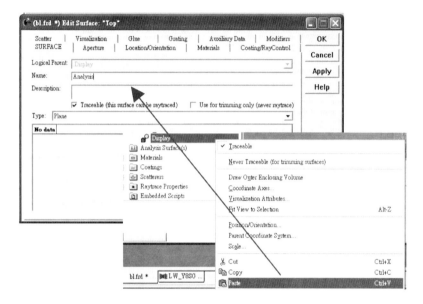

圖9-77　貼上表面並修改名稱為Analisis

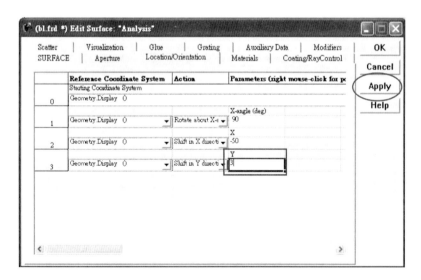

圖9-78　選擇Location分頁，修改Y的位移量為3

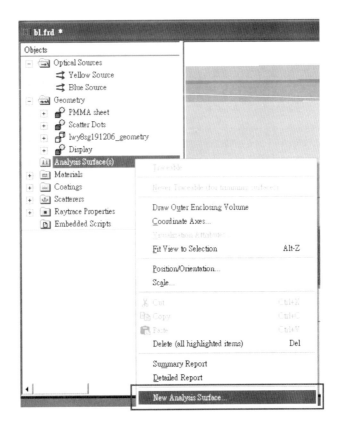

圖9-79 新增分析面

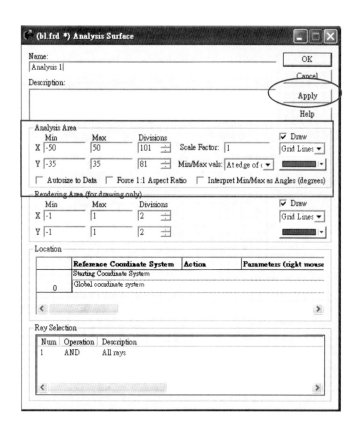

圖9-80　設定分析面大小及Divisions

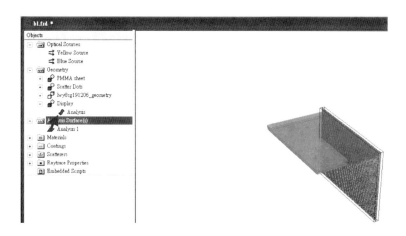

圖9-81　用滑鼠拖曳的方式將分析面指定到我們設定的表面

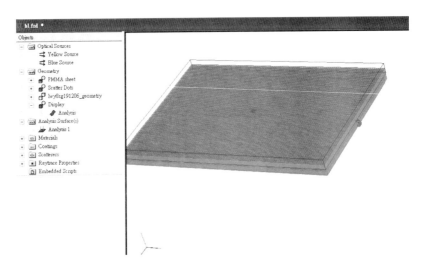

圖9-82　觀察完成的LED背光板系統

9.4　進階光線追跡設定

　　本案例因匯入OSRAM LED光源資訊，共有二個光源（黃色光、藍色光），每個光源中所設定的波長皆須追跡10萬條光線，再加上散射特性的使用，將會導致光線追跡的時間增加，此時我們可以使用進階光線追跡（Advance Raytrace）來加快運算時間；首先開啟Advance Raytrace，後調整追跡光線數量為每10條才追跡1條，及每10條光線只顯示1條光線這二個光線追跡設定，完成後按下Apply/Trace進行光線追跡，如圖9-83到9-86。

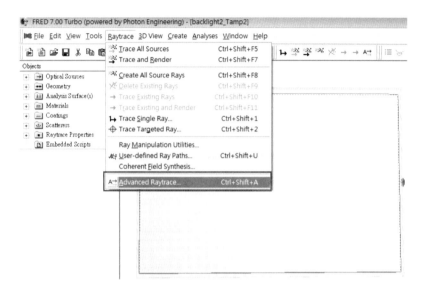

圖9-83　開啓進階光線追跡設定介面

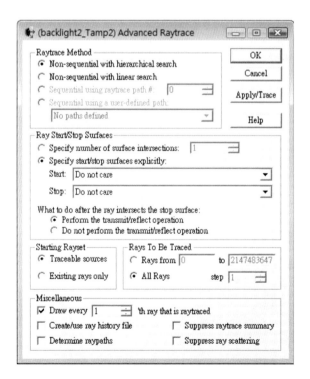

圖9-84　進階光線追跡設定介面

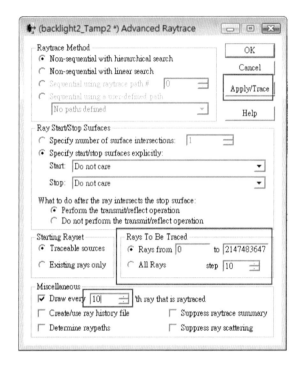

圖9-85 修改光線追跡數量及光線顯示數量後追跡

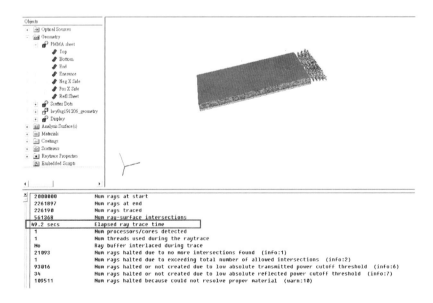

圖9-86 追跡結果

9.5 模擬結果分析

　　本課程將指導使用者利用FRED的光照度圖、CIE色彩成像圖分析LED背光板的能量分佈資訊及CIE顏色資訊，如圖9-87～9-92所示。

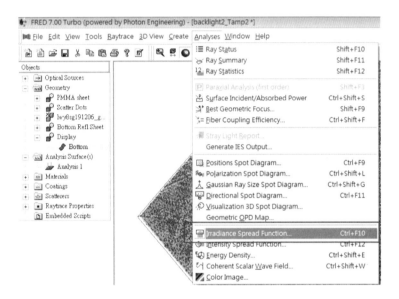

圖9-87　開啟光照度分析

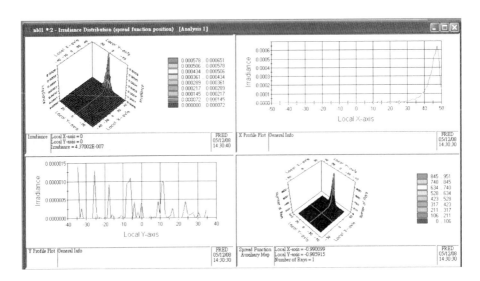

圖9-88　光照度分佈

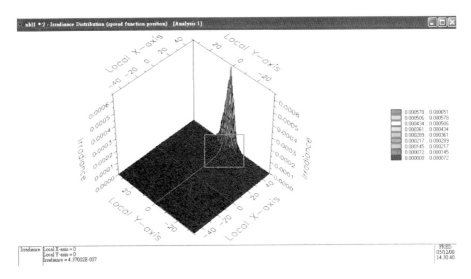

圖9-89　壓住Ctrl鍵用滑鼠框選想放大的區域進行分析

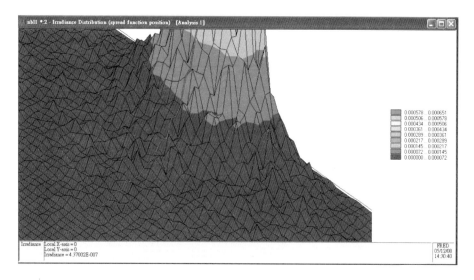

圖9-90　放大後的分析區域，只要鍵入R即可復原圖形

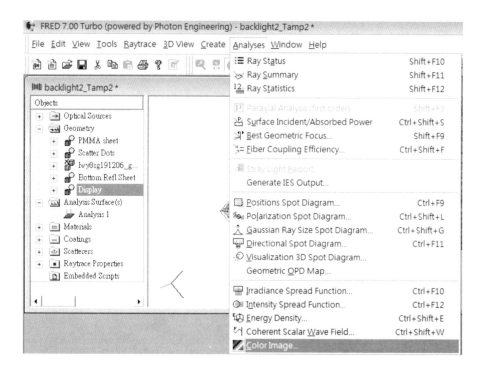

圖9-91　開啟CIE色彩成像分析功能

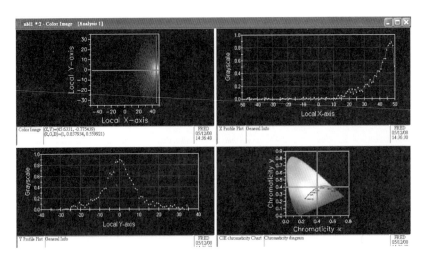

圖9-92　左上角為顏色呈現，右下角則為CIE色座標

9.6　FRED網點分佈應用說明

於液晶顯示器的背光模組中，導光板上的網點通常需要經過設計以達到均勻的輝度分布。若是將每一個網點都建立成一個物件，會導致光線追跡非常沒有效率，因為每一條光線經過每一個物件都會計算一次，而導致光線追跡速度非常慢。

Photon Engineering原廠發明了一個方法，可以達到增加光線追跡的速度，就是使用網點密度函數$F(x, y)$。背光模組是由導光板、兩個圓柱體的CCFL光源以及兩個反射罩所組成，網點是散佈在導光板上的微結構，功能為破壞全反射。網點的形狀為圓形，並以六角形的型式分佈於導光板，其尺寸是網點位置的函數。因為網點是具有散射特性的物件，因此使用FRED Script的散射模組。

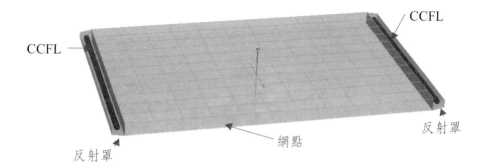

圖9-93 CCFL背光板結構

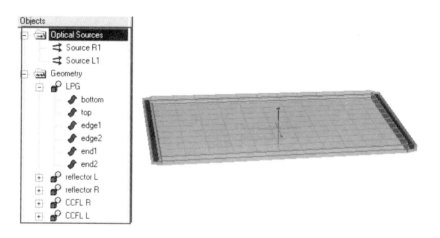

圖9-94 CCFL背光板幾何物件樹狀列表

在Photon Engineering原廠Lee所發明的方法中，網點本身是虛擬的，不需直接被顯示，直到使用網點密度的計算函數來決定一個網點的尺寸時，網點才會實際的存在，此法可真正減少光線追跡時間。

網點的分佈由下列的密度函數所決定

$$F(x,y) = \frac{\pi r^2(x,y)}{i_x \cdot i_y}$$

在此方程式中，i_x 及 i_y 決定網點的面積大小，$r(x, y)$則代表網點的半徑。

不同形狀的分佈密度函數相當容易設定，如$i_x = i_y$可建立方格狀的密度分佈，若 $i_y = i_x \times P \dfrac{\sqrt{3}}{2}$ 則是六角形的分佈形式，如下列方程式

$$F(x, y) = \frac{\sqrt{3}}{4} \cdot [1 + Cos(2\pi y / Ty)]$$

Ty為Y方向上的直線

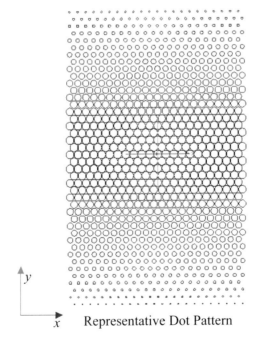

Representative Dot Pattern

圖9-95　方程式網點分佈圖

接著使用Script散射模組來定義網點內部及外部的函數式散射分佈，在網點內部BSDF為$1/\pi$，外部BSDF為0。判斷光線為打到網點的內部或外部，是由週期性網點中最接近光線的網點決定，若光線不是進入網點內，將遇到反射的表面特性。

修改網點分佈的週期距離分別為原設定的0.5及2倍，並使用50萬條光線進行追蹤後，將數值進行對數放大及均化處理，可以得到下面2張光照度分析圖。圖中明顯地表達出將近10萬個網點所產生的正弦函數能量分佈。

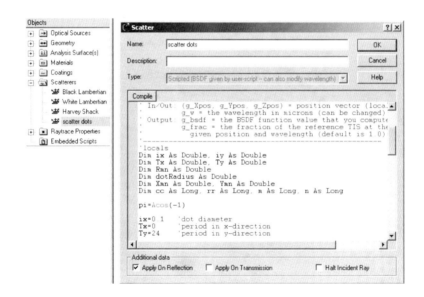

圖9-96　Script散射模組來定義網點

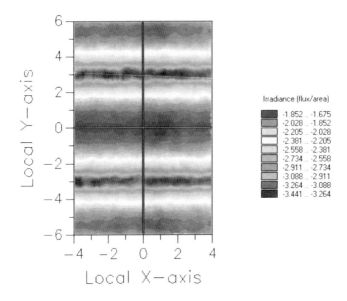

圖9-97　週期0.5倍的模擬照度分析圖

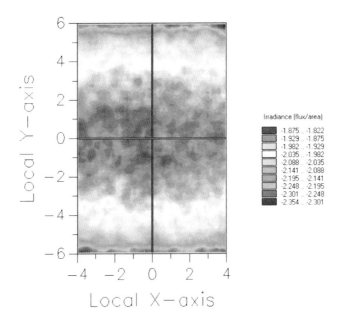

圖9-98　週期2倍的模擬照度分析圖

附 件

FRED的主題範例與白皮書

- ·章節大綱
- ·照明系統應用案例
- ·光學軟體模擬—FRED道路照明設計之

   35顆LED照明街燈
- ·同調光應用
- ·FRED在雜散光分析中的應用
- ·FRED特色—生物醫學

章節大綱

　　本章節是將原廠發佈的FRED的主題範例與白皮書翻譯成中文，讓使用者能得到關於FRED的最新的資訊。

- ・照明系統應用案例
- ・光學軟體模擬—FRED道路照明設計之35顆LED照明街燈
- ・同調光應用
- ・FRED在雜散光分析中的應用
- ・FRED特色—生物醫學

照明系統應用案例

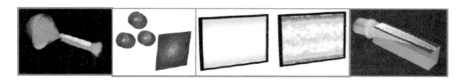

圖1　照明系統

　　大多數的平面顯示器都包含了好幾個光學元件，其最重要的部份就是光源，所有的平面顯示器都需要一個光源機構來控制光之亮暗，進而顯示出所要的文字或圖片，而光源控制都需要一個或好幾個元件去控制角度、位置才可顯示出所要的資訊。根據這些應用及需求，FRED可以讓你減少時間並降低製成成本至原本傳統製的30%-50%，就可以完成以上工作。

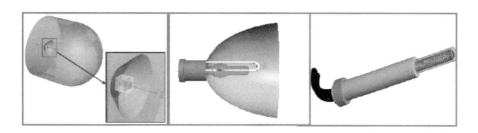

圖2　光源模組

光　源

　　FRED可以模擬所有顯示系統的光源，包含了LED、RGB LED、白熾燈、HID氙氣燈、氖燈、電弧光、螢光燈。你可以在一般的CAD建構IGES或STEP格式的幾何模組立即匯入FRED進行模擬及分析。而光線設定可以設為各式各樣的位置及角度，你可以將任一表面設為發光面，或者你也可以由Radiant Imaging Source™ Models.所量測出的光源資料匯入於FRED中。圖2是在FRED中幾個常見的光源模組。

幾何光學系統

你可以在FRED中直接建立出你要光機幾何架構，或者用一般的常見的3D CAD軟體來構建IGES或STEP格式，光學設計軟體來建立幾何模組，甚至也可以利用ASAP的文字輸出檔等等，皆可建構出所要的幾何模組。而FRED提供了很多建立面的方法如Standard planes, Conics, Cylinders, Ellipsoids, Hyperboloids, Toroids, Polynomial surfaces, Zernike, Nurb, Meshed, Revolved curves, Extruded curbs, Composite curves, Splines and User-defined surfaces。在FRED可為多視窗操作，並可以針對任一物件進行剪貼、複製。而FRED為層次分類之安排，其實體物件可置集合、次集合物件之中，利用這特性將各個物件整合一個系統，進行整個系統的調整。而對任一個表面可以利用邊界設定，調整出所需要的表面，如圖3所示。

FRED具有將IGES、STEP檔匯入的能力，你可以很輕易就將平面、錐形面、網狀面、貝氏曲面、非一致性曲線面匯入，如下圖所示之反射罩，而你可以查看出任一個網狀面、貝氏曲面、非一致性曲線面的參數設定視窗，並可作任意的修正，如圖4所示。

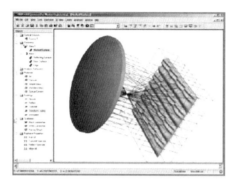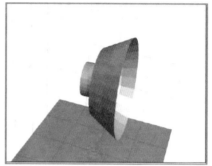

圖3　模型建立

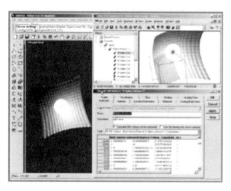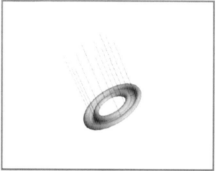

圖4　匯入CAD檔案

光學元件去控制光線輸出

　　大多數之顯示器系統都利用某些技術去控制光線的方向及位置。如利用溝槽、網點、粗糙面、分光膜塗料等等。而FRED都可以實際的模擬出這些機制的效應並分析，在FRED中你可以利用array這項功能來建構成千上萬相同的機制，如下所示背光板的網點，為二個PDA的背光系統，圖5的左圖之網點大小為固定的，圖5的右圖之網點大小有五種尺寸。

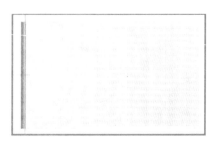

圖5　背光模組的網點

　　在FRED之中你可以很容易的就建構所需要的溝槽、曲線並進行壓縮、旋轉之結構，以快速建立Fresnel或稜鏡架構來達到可以控制光線的目的，如圖6和圖7所示。

　　接下來我們來深入的探討其之光線顯示及分析上的問題，在FRED之中你可以自行設定光線的顏色，如圖7可知你可以很容易的建構一個側邊式的背光板系統，並可很清楚的看出光線是如何從顯示

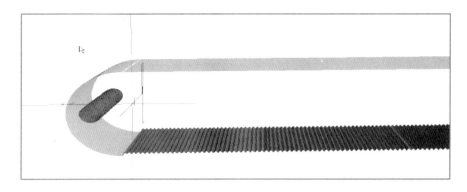

圖6　背光模組

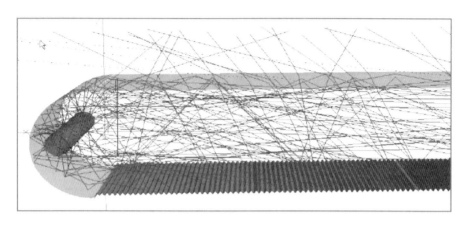

圖7　光線追跡背光模組

面射出，而且你可以隨時改變光在經過任一反射、穿透、吸收面之後的顏色，讓你容易區別出光線的路徑及面的作用關係，如圖8和圖9所示。

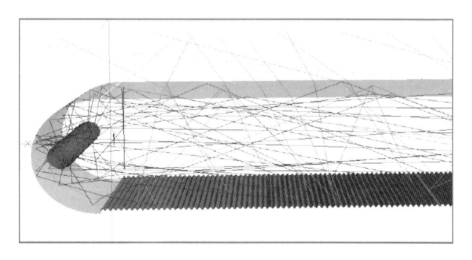

圖8　改變光線顏色

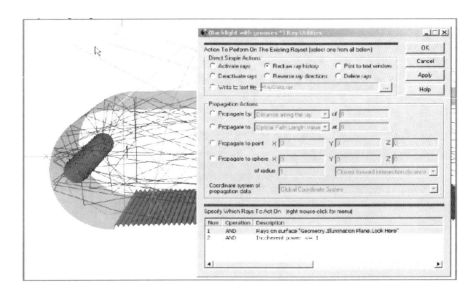

圖9　光線工具

　　在背光板系統中有一個很大的問題，就是在光線數多寡是可以
接受的，及如何可以停止不必要的光線追跡而提高整體的光線追跡效
率。而FRED提供了許多控制光線的方法，如光線數的限定，進而降
低光線追跡的時間，而可以設定光線與光學表面作用的次數，你可以
設定光線相對或絕對能量的臨界值，進而控制光線與穿透、反射、散
射面作用後光線是否再計算的設定。由下圖可以看出光線能量的臨界
值設定及光線與物體表面作用後光線產生的數量設定，而這些設定可
以讓你完全的控制光線追跡，如圖10所示。

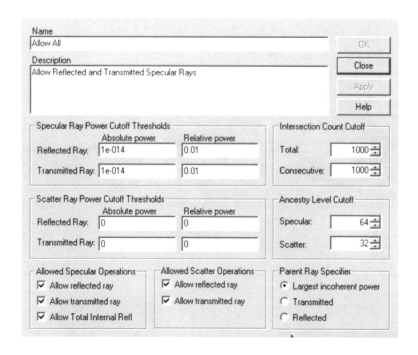

圖10　光線追跡控制

顯示光學的應用

導光管

　　你可以設定出任意形狀、大小之導光管，並可以設定單一光源或多光源來進行分析，如圖11所示。而大數的導光管是用塑膠作成，且要分析光線導引的問題。而FRED的視覺功能可以很詳細顯示出光學元件的光線路徑，它不但可以在FRED建構導光管，更可以在CAD軟體建構模組再匯入FRED或匯出，如圖11所示，FRED可以很容易的建立出LED或一般的光源並可分析光在經過導光管後照度圖、光斑

圖,來探討光的圖樣及均勻度等等的問題,如圖12所示光經導光管後
的照度圖,並由顏色來分辨光強度。

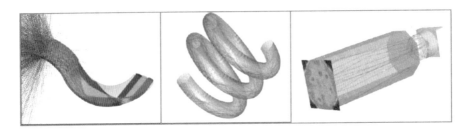

圖11　導光管

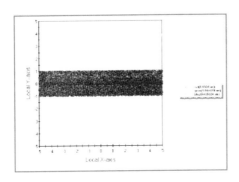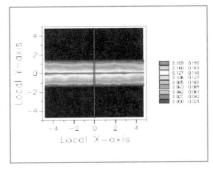

圖12　導光管的照度圖

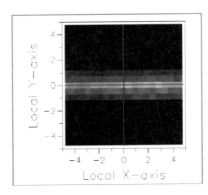

圖13　色彩分析圖

你甚至可以利用色彩分析圖來顯示出RGB LED於導光管混光的情形，並實際的顯示出人眼所見的顏色的呈現，如圖13所示。

LED照明的色彩分析

在FRED之中可以設定光源的每一個波長顏色及權重，並可以依照明視覺、暗視覺函數來設定權重，使FERD的光源模擬更加的附合人眼的視覺效果，而FRED也提供了多波長混色權重計算的功能，讓操作者可以很容易的計算出各個波長的權重設定來達到所要混出的顏色。而下圖便是LED光源的進行混光的照度分析及混光分析，如圖14所示。

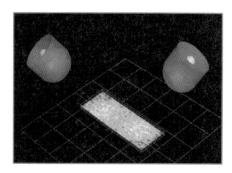 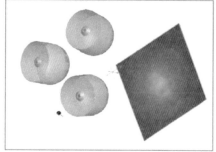

圖14　LED混光分析

你可以利用數位點圖法來建立光學的表面特性，如下圖有一張物件表面光學特性，反射率與波長的關係圖，而你可以用滑鼠的點擊來快速的建立此一表面特性，如圖15所示。

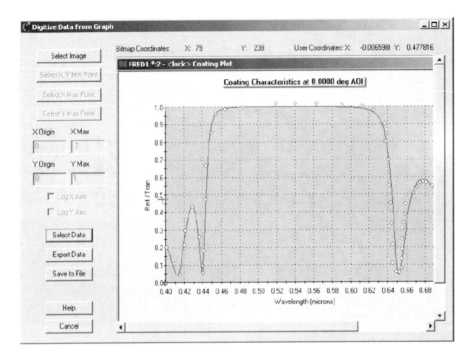

圖15　圖片離散取點

LCD投影系統

　　FRED之中，LCD投影系統是一個很重要的非序列描光應用範例，光線由燈泡射出，經RGB color filter 分光，再經過液晶來控制，最後在進行混光後產生電腦顯示畫面。投影系統是一個很複雜的光機系統，但你可以在FRED之中就很簡易的分析極化、光線路徑、光線混光、進階光源設定、陣列透鏡、鏡面之設定，如圖16所示，如你想知道有關LCD投影機的更多知識，可以參考我們FRED中數位投影系統範例。

　　FRED可以進行投影系統各元件設計，如LCOS模型、DMD陣

列、彩色濾光片、合光鏡、燈泡、偏光板等等之設計。在FRED的光
視覺顯示、能量計算、光線描光速度都是可以提供現今市面上投影機
系統最好的模擬效果，如圖17所示。

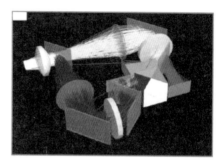

圖16　LCD投影系統

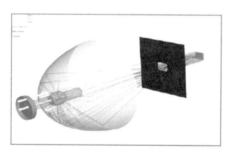
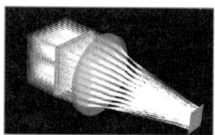
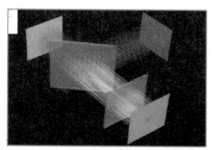
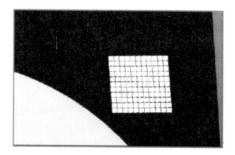

圖17　FRED投影片模擬效果

FRED應用於干涉量測系統

　　這個範例是同調光（coherent）傳遞及干涉量測系統的模擬，可以由FRED的軟體分析出光的傳遞過程，如何分光（分出參考光）及如何分析一個同調光的干涉圖形，而FRED中的光源也可以設定為高斯光束分佈、同調光、極化特性，使光源更符合實際的雷射光，如圖18所示。

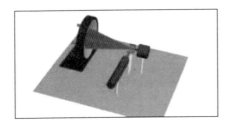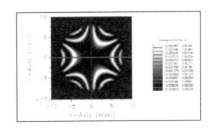

圖18　干涉系統

關鍵字：同調，高斯光束，極化，干涉儀，波前，光強度擴散函數，
　　　　干涉條紋圖，立方分光鏡，雷射，薄膜，渡膜，鏡子，稜鏡
Key Words: coherent, Gaussian beam, polarization, interferometer,
　　　　wavefront, irradiance spread function, fringe pattern, cube
　　　　beamsplitter, laser, thin films, coatings, mirrors, prisms

FRED應用於雷射二極體及光纖耦合系統

　　這個雷射二極體案例是利用FRED來模擬出二極體輸出、傳遞同調光、光纖耦合效率計算，這個系統包含了雷射二極體光源、collimating透鏡、歪斜稜鏡對、聚焦透鏡、光纖輸入面。

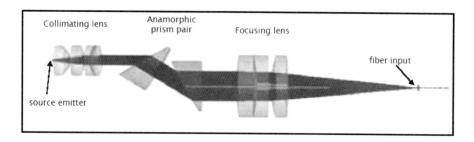

圖19　光纖耦合系統

關鍵字：laser 二極體，光纖耦合，collimating透鏡，同調光，高斯光
束，波長，遠場分佈，散光，楔形稜鏡，焦距，光照度，光
通量分佈，優化

Key Words: laser diode, fiber coupling, collimating lens, coherent
rays, Gaussian beam, wavelengths, far-field distribution,
astigmatism, wedge prisms, focal length, irradiance, flux
distribution, optimization

光學軟體模擬－
FRED道路照明設計之35顆LED照明街燈

Project Undertaken for Venture Engineering.
/ 進行中之投資工程計畫

在此FRED被用來分析了一個35顆LED的系統，此系統由5排，每排7個的Luxeon公司LED以及Fraen公司的透鏡組成。外側LED使用的透鏡半角為30度，內側半角為45度。

使用於此道路照明分析的LED燈具為35陣列的Luxeon LED和Fraen透鏡。此燈具包含7列5排Luxeon LED和Fraen透鏡，每個LED發出35流明的光，LED的配置如下：

第 1 列：7 個 FHS-HMB1-LL01-H (30度透鏡) 鑲配 -50 degrees

第 2 列：7 個 FHS-HMB1-LL01-H (45度透鏡) 鑲配 -25 degrees

第 3 列：7 個 FHS-HMB1-LL01-H (45度透鏡) 鑲配 0 degrees

第 4 列：7 個 FHS-HMB1-LL01-H (45度透鏡) 鑲配 -25 degrees

第 5 列：7 個 FHS-HMB1-LL01-H (30度透鏡) 鑲配 50 degrees

以下圖1描述了LED的排列，顯示Fraen硬件所實測的數據，來作為輸入FRED的資料，也展示FRED對話框，說明如何輸入數據，以及如何輕鬆地創造了一個7x5的LED陣列。這一切都是經由FRED人機界面的對話框來完成，無論是要改變LED視角、匯入不同種類的LED，以及如何的空間配置，通過這些對話框，將會變的非常的簡單。

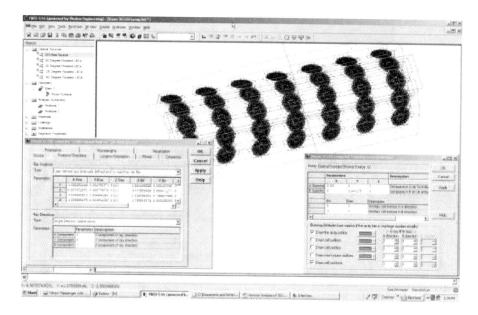

圖1　FRED建構的35顆 LED照明設備，初始的光線位置

車道分析：道路寬度9米，車道數量3道，高9米，長40米。

　　以下所顯示的道路場景是利用FRED內建的CAD功能所建構。　圖2是呈現35顆LED燈具直接定位在9米×40米要被照亮區域的中心。圖3顯示的是以FRED進行模擬後，並以色彩表示道路上呈現照明的功率，而最後圖4則顯示眼睛在明視覺所看到的照明分佈。

　　FRED計算所得沿著路的光照值，如表1所示。

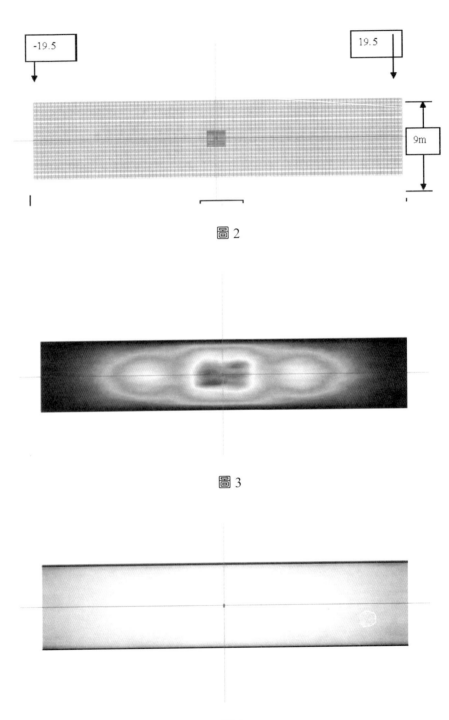

圖 2

圖 3

圖4

表1

Meters along Road 沿路距離	Power in Lux 功率（Lux）	Meters along Road 沿路距離	Power in Lux 功率（Lux）
-19.5	0.46127	19.5	0.43134
-18.5	0.65804	18.5	0.61877
-17.5	1.0398	17.5	0.72777
-16.5	1.45589	16.5	1.44014
-15.5	1.92301	15.5	1.75643
-14.5	2.74259	14.5	2.43271
-13.5	3.1221	13.5	3.38659
-12.5	4.34638	12.5	4.53717
-11.5	5.90701	11.5	5.44633
-10.5	7.3729	10.5	7.31786
-9.5	8.6665	9.5	8.73144
-8.5	9.05195	8.5	9.36651
-7.5	9.84761	7.5	10.0436
-6.5	7.28282	6.5	8.35293
-5.5	6.50223	5.5	5.86216
-4.5	6.10104	4.5	5.68979
-3.5	9.05032	3.5	9.29679
-2.5	10.8114	2.5	11.90578
-1.5	13.23748	1.5	13.15208
-0.5	11.892	0.5	11.58429

　　實際建造LED照明系統並以一置於9米外之測角儀量測，結果顯示於表2，並繪出如圖5。注意到此結果與沿著平坦路面量測的Lux值不同。

　　LED街燈Lux值量測之高度：9米

表2

Along the street: Degree 沿路面（度）	Meters 米	Lux	Along the street: Degree 沿路面（度）	Meters 米	Lux
-70		4.02	70		2.5
-65	-19	6.97	65	19	4.1
-60	-16	12.2	60	16	7.5
-55	-13	17.29	55	13	12.58
-50	-11	19.14	50	11	16.96
-45	-9	17.46	45	9	18.6
-40	-8	13.8	40	8	17.05
-35	-6	10.9	35	6	13.16
-30	-5	9.7	30	5	10.78
-25	-4	10.26	25	4	9.77
-20	-3	12.3	20	3	10.94
-15	-2	12.6	15	2	12.76
-10	-2	12.4	10	2	12.5
-5	-1	10.9	5	1	12.08
0	0	10.5			

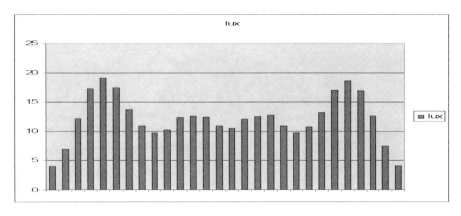

圖5　LED照明系統原型以測角儀量度的Lux值作圖，底軸每小格代表5度

　　用做測試的測角儀系統在FRED中的建模，如圖7所示，結果則顯示於圖6。其兩者結果顯示誤差在5%以內。

圖6　FRED所建構的測角儀系統證實FRED以實際原型模擬的照明系統

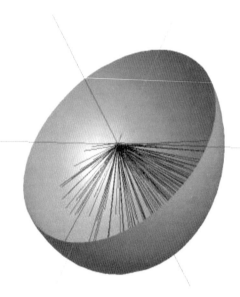

圖7　模擬LED燈具系統發射光線到FRED所建構的測角儀量測系統，以
　　　驗證原型機與FRED產出的結果

表3　此表顯示以光照度分佈儀來建模，在FRED模擬的結果

Angle 角度	Lux	Angle 角度	Lux
		80.37237	0.26565
-75.7797	0.682	75.77966	0.67188
-71.187	1.80628	71.18695	1.90943
-66.5943	4.47685	66.59425	4.6073
-62.0015	8.47081	62.00154	8.67405
-57.4088	12.78027	57.40883	13.05499
-52.8161	16.41741	52.81613	16.62694
-48.2234	17.87809	48.22342	18.10928
-43.6307	17.15882	43.63071	17.18616
-39.038	14.39396	39.03801	14.33289
-34.4453	10.86208	34.4453	10.87336

Angle 角度	Lux	Angle 角度	Lux
-29.8526	8.4727	29.85259	8.47253
-25.2599	7.91872	25.25989	7.89054
-20.6672	8.90449	20.66718	8.80054
-16.0745	10.27307	16.07447	10.13656
-11.4818	10.83771	11.48177	10.53953
-6.88906	10.35832	6.88906	10.15579
0	9.65311		

　　結論：FRED在使用量測的LED數據，模擬預估實際製造出的街燈結果時非常精確。一般來說，每一批出廠LED的輸出光亮度和顏色，可以差別到50%。但因已事先利用FRAEN預選過，所以LED之間的差異可以維持在5%以內。

同調光應用

FRED在高斯光線分解理論（GBD）的普遍形式下可以對幾何光學現象做出合理的解釋。在過去的25年間，經過改進的GBD演算法，已經可以精確的模擬繞射和干涉現象，並且與事實吻合。這種完美的藝術性表現，在模擬用繞射儀觀察Talbot效應和局部同調性上的應用是一個很好的例子。

GBD的基礎是1969年Arnaud首先提出的，他提出：一個任意波可以由一組高斯光線的基礎組合而合成，而那些高斯光線可以用射線來追蹤。普通的GBD方法在兩種極端條件下限制了這種合成。首先當光線被放置在平行隙縫的光柵上，它會發生一種特殊的分解，或者在一種空間頻率的條件下發生傅裏葉分解。後來Gabor延伸拓展了Arnaud的方法，FRED應用這種拓展方法，使這兩種方法結合為一，以便靈活的適應各種範圍的條件。

Talbot效應

Talbot效應是由近場繞射產生的，在光線接近光柵或者其他週期性結構時可以觀察到。在變化的繞射極之間產生的干涉，使週期性結構沿著傳播方向，在他們各自的Talbot距離處自成像。

即：$L_{Talbot} = \dfrac{a^2}{\lambda}$ 此處，a為光柵的間距，λ 是波長。

Talbot效應在光微影技術中也有應用，它被用來複製週期出現的微小結構。分時間隔的Talbot距離處會發生光柵頻率的增倍。

　　假設一個直線光柵凹槽頻率是100 lp/mm。光柵在FRED中以如圖1所示的平面對話的光柵片定義。FRED可以在用戶定義的繞射效率上對光線的分離產生多種變化，並且分散這些調整中產生的能量。因為光線分離被FRED的光線追跡系統控制，由於光線分裂數量是被FRED的Raytrace Control設置所控制，因此被套用在繞射表面上的Roytrace Control設置中，Ancetry Level Cutoff欄位須等於總繞射等級。

　　在這個例子中，光柵被設置成為一個1mm直徑0.5um波長的准直同調光。當光柵間距為50um時，Talbot距離就為5mm。分析平面被用來計算1/2 Talbot距離處發光照度的倍率，即圖2給出的條紋。這裏的計算包括光柵的0級光譜條紋，正負一級光譜條紋，正負二級光譜條紋。交替峰高的變化和不同階下的能量分佈有關。

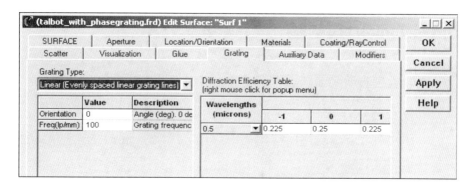

圖1　光柵定義

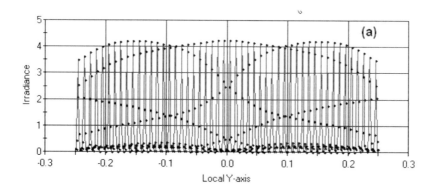

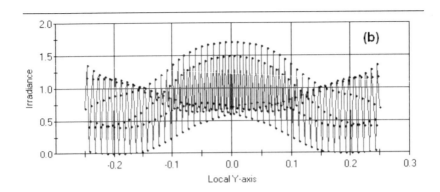

圖2 塔爾博特效率（Talbot Effect）干涉條紋計算於(a) L_{Talbot} = 5mm且每 0.1mm展現10個峰值(b) 1.5* L_{Talbot} = 7.5mm且每0.1mm展現20個峰值

Diffractometer繞射儀

　　繞射儀在演示局部同調性上是一個非常有用的工具。它試驗的設施放置，如圖3。非相干光源σ_0被透射鏡L_0擴大後在σ_1上小孔成像，光從σ_1發射來後被透射鏡L_1轉化為平行光，然後通過照射在透鏡L_2上重新在平面F上聚焦成像。一個上面有兩條隙縫P_1，P_2的不透明螢幕A被置於L_1和L_2中間，且P_1和P_2的寬度，形狀和位置可以被任意設定。

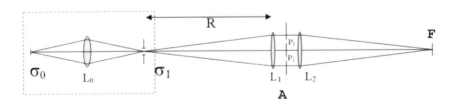

圖3 衍射儀（after B.J. Thompson and E Wolf）

在FRED的模式下，圖3中紅虛線範圍內的部分，被一個可以收集發射不同波長的任意點光源代替，位於一個面積與小孔σ_1面積直徑相同的區域內。這個發射源收集器的原理與Born & Wolf的准單色光源（quasi-monochromatic source）的定義相符。在平面F上，每個波長光源都產生獨立相對應的干涉圖形。FRED集合了同調及不同調的光源及不同波長設計。因此顯示在F上的輻照圖就變為了同調組合及非同調組合。根據由P.H. van Cittert在1934年及F. Zernike在1938年所各自獨立發表重要的局部同調定理，採集點光源在σ_1處引發了在螢幕A區域中P_1和P_2上任意兩點的關聯。van Cittert-Zernike定理定義了部分同調的複合度即：

$$\mu_{12} = \frac{2J_1(v)}{v}\,e^{j\psi}\text{，其中}v = \frac{2\pi}{\lambda_m}\frac{\rho d}{R}\text{，}\psi = \frac{2\pi}{\lambda}\left(\frac{r_1{}^2 - r_2{}^2}{2R}\right)$$

ρ為小孔σ_1的半徑，d為P_1和P_2的中心距，R是L_1的透鏡焦距，r_1和r_2分別為從光軸到P_1，P_2的距離，λ_m是平均波長。

為了測試FRED的性能，我們計算了平面F上的輻照圖的缺口長d與P_1，P_2之間長度距離的變化，得到了與after B.J. Thompson and E Wolf繞射儀相吻合的結果。測試時的參數模型是$f_1=f_2=R=1520mm$；L_1，L_2之間的距離為14mm；小孔面積的直徑為90um；光闌P_1，P_2的直徑為1.4mm；平均波長λ_m為0.579um。

FRED在雜散光分析中的應用

　　雜散光問題出現在幾乎所有的光機系統或者照明系統中。通過遮擋或者移除零件、表面塗漆以及在光學器件進行鍍膜都可以減少或者消除雜散光。在本文中，我們會對雜散光做出定義並且說明怎樣利用FRED來分析和減少雜散光問題。

什麼是雜散光？

　　簡單來說，雜散光就是不需要的噪音（光），它是由光機結構、視場外光源或者不完善的光學零件產生的，或者由光學或者照明系統自身的熱輻射引起的。FRED善於發現這些不需要的噪音，它將運用它的虛擬樣機研究分析能力來幫助我們消除它。

　　在成像系統中，雜散光的成因有很多，具體如下：

鬼　像

　　它之所以叫鬼像正是因為像面離焦或者是由明亮的光源形成鬼影一樣的像。鬼像是由透鏡表面的反射引起的。光必須從透鏡表面反射偶數次才會形成鬼像。有兩次反射鬼像，四次反射鬼像等等。僅一個鏡面（比如卡塞格林望遠鏡）構成的光學系統是不會形成鬼像的。如果陽光在拍攝視場內或附近時，鬼像就會出現在影像中。汽車的頭燈或者街燈也會在夜間攝影時造成雜散光。如果光亮源很小，各個鬼像會形成光學系統的孔徑光闌的形態。在下圖1中呈現的就是一個很

好的鬼像例子，其中一個雙膠合透鏡有著完美鍍膜的透鏡而另外一個
光學系統的透鏡則沒有鍍任何膜。追跡由一點發出的21×21的柵格光
線以覆蓋系統的第一片透鏡。

直接入射

在諸如卡塞格林式系統中，當中心遮攔太大並且／或者望遠鏡
鏡筒太短的時候，直接入射就會發生。視場以外的光線能夠進入望遠
鏡，直接越過次鏡，穿越主鏡的開孔，從而以雜散光的形式直接打到
焦平面上。如下圖2所示的那種望遠鏡系統，假如陽光可以直接進入的
話，那這種雜散光危害是非常大的，對系統來說簡直就是一場災難。

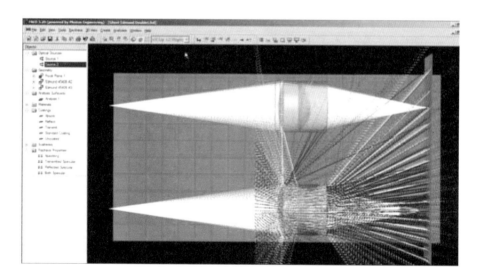

圖1　兩個雙膠合透鏡，上面的雙膠合透鏡，在它的各個透鏡上都鍍有理
　　　想的增透膜。下面的雙膠合透鏡由於其透鏡沒有鍍膜，各個光學表
　　　面有菲涅爾損耗從而產生鬼像。我們已經改變了在各個表面的光線
　　　追跡控制，因此從這個表面反射，由於菲涅爾損耗而出現的光線變
　　　成了藍色。這種反射正是下方光學系統雜散光的成因。

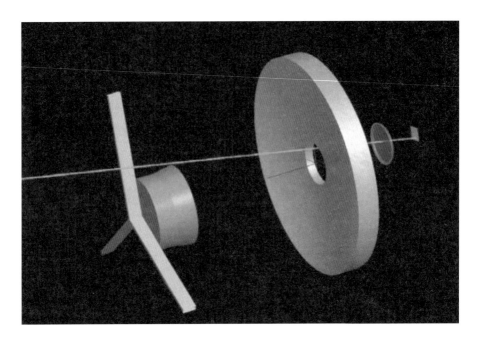

圖2 圖中所示綠色光線是軸外光源發出的光線，該光線繞開所有的光學
部件並直接進入探測器上。FRED的3D視覺化效果和用戶自定義光
路的能力，使得這個問題很容易被發現。

一次散射光

當雜散光源，比如太陽，直接照射到光學系統的時候就會產生
單次散射光。部分散射光線經過光學系統之後，會照射到焦平面。我
們認為它散射進了視場。而一旦光線散射進了視場，它就變成了雜散
光，要想消除這種雜散光，則不可避免地會伴有漸暈現象.。所以遮
光罩設計的基本目的，就是不讓光線照射到系統上。

多次散射光線

即使散射光源不直接照射光學器件，散射光也會間接產生。首先

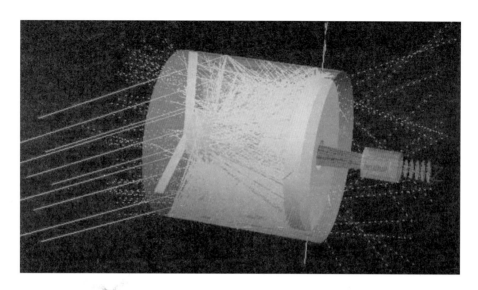

圖3　綠色光線進入卡塞格林望遠鏡後入射到桶狀主遮光罩上發生散射，
　　　而後射向主反射鏡和次反射鏡，（分別以紅色和藍色代表），部分
　　　這些光線最終反射到探測器上。

散射光源照射到遮光罩表面發生散射，然後照射到光學器件。由此造
成的雜散光總是比直接照射的散射光要小，但是它還是因為足夠大而
要引起注意。圖3是一個很好的示範，它演示了場外光源發出的光線
（圖中所示的綠色光線），進入卡塞格林望遠鏡系統後，怎樣在系統
內的遮光罩與遮光罩之間發生多次散射，並最終到達探測器。

邊緣衍射

　　當孔徑尺寸和波長比相對較小的時候（10^4 或者更小），場外光
源經孔徑光闌發生的邊緣衍射可能是雜散光的一個重要來源。

紅外系統中的自輻射

熱紅外或者熱成像系統中也可以出現雜散光，該雜散光是由設備自身的熱輻射引起的。這類系統通過檢測疊加在一個大背景上的一個小的信號來運轉。室溫情況下，黑體發射率曲線的峰值在大概10um處，在這種波長下，環境也會「發光」。隨著溫度或者發射率的變化，黑體發射曲線在發熱過程中會有很小的變化。熱成像系統一般通過減去背景來增強紅外圖像的對比度。當背景不均勻，比如說有水仙花效應，就產生了一個雜散光信號。特別是，當冷卻的探測器的一個圖像在其自身成像的時候，背景的局部嚴重缺損就產生了。典型的表現為在圖像的中心形成黑斑。人們可能稱它為「雜斑」而不是雜散光。

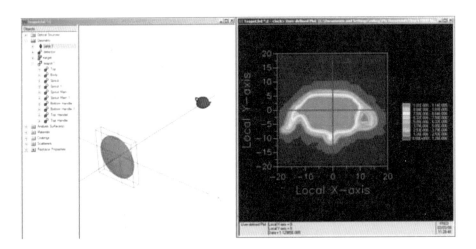

圖4 該圖演示這樣一個簡單的問題，一個溫熱的茶壺，其表面有著不同的發射率和溫度分佈。茶壺通過一個單透鏡成像，探測器放置在透鏡後面（看不見）。許多紅外系統中都發現機械結構自身輻射到探測器的問題。而解決的方法不是移除自輻射源，就是對這些輻射加以遮擋。

紅外輻射計測量絕對輻射而不是一個相對輻射，所以任何背景輻射都是不可接受的。在這樣一個設備中，冷卻整個設備來降低溫度以消除因為自身散射引起的雜散光是必要的。

以上幾種現象的組合

以上現象的組合也會發生，並且可能很重要。比如，自輻射光線可能繼而從光學器件上散射進入視場裏面。由孔徑衍射的光線也可能從光學器件上面散射進入視場內。

FRED怎樣呈現散射光？

有幾種方法可以跟蹤散射光。第一種方法是製造一個光源，再追蹤通過光學系統的光線。第二種方法是通過系統從探測器的進行反向光線追跡。能夠通過使用任何3D光線追跡軟體程式來顯示雜散光光路是相當重要的。光學工程師利用FRED的軟體來顯示雜散光發生的位置。反射光線以及折射光線僅僅是問題的一部分，散射光也是一個問題。

FRED怎樣產生幾何介面？

系統的幾何結構可以直接在FRED中通過運用簡單圖形介面來生成。也可以輸入由機械軟體設計的IGES或者STEP格式檔，和光學設計程式設計的檔，或者從ASAP輸出文檔中轉換過來。FRED程式有許多選項用於生成表面，包括標準平面，二次曲線，柱面，橢圓體，雙曲線，環形，多項式曲面，澤尼克，非均勻有理B樣條，網狀，旋轉曲線，壓邊曲線，複合曲線，凹線和用戶自定義表面。圖1和圖2中所示的為FRED繪製的那些表面之一。

因為FRED有一個多文檔用戶介面，所以可以在文檔間進行元件的相互剪切，複製以及黏貼。實體在理論上可能被設置為各層組裝體，元件和元件等等。它符合系統的物理層結構；任何一個物體都可以在任意的坐標系統中定義。任何表面都可能被任何隱式曲面或者任何孔徑收集曲線所整理（切開），以下是詳細說明。

FRED怎樣追蹤光路？

FRED有能力去完成一次高級的光線追跡。 這種光線追跡可以清晰地追蹤系統中所有光線的所有路徑。圖5顯示了在圖1中的兩個雙膠合透鏡的光線路徑的列表。光線歷史報表是一個對所有光線的完整報告，記載了有多少光線以這條光路發射，他們怎樣到達最終的實體（在這個事例中是焦平面）以及他們穿過了多少表面（事件計數）。也可以取任一條光線追跡的光路，然後將其複製到用戶定義光路列表（選擇光路，將滑鼠移至光路，然後選擇一個選項將這條光路複製到用戶定義光路列表）。這條光路將立刻在高級光線追跡中呈現一個可選光路作為一個可用的光線追跡方法。還可以僅對這條光線繪製瀰散斑圖或點擴散函數圖。

通過使用這種方法可以發現在每個鬼像，直接入射，一次或多重散射光路中所占多大比例。

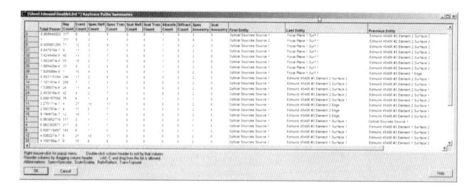

圖5　表中所示為在圖1中的雙膠合透鏡系統的光線路徑。注意到有8條光
　　　路到達了探測器，表中第二欄到最後一欄所示。第二條光路是完美
　　　覆膜系統的光路，光路0是未鍍膜系統的一個光路。注意到兩條光路
　　　中所代表的能量都有不同，1是0光路，0.868是第二光路。第8光路
　　　有71條光線，與表面有12個交叉點和2個反射。這條光路顯示在圖6
　　　下方。這條清晰的光路是可以看到的，它顯示在圖7中。

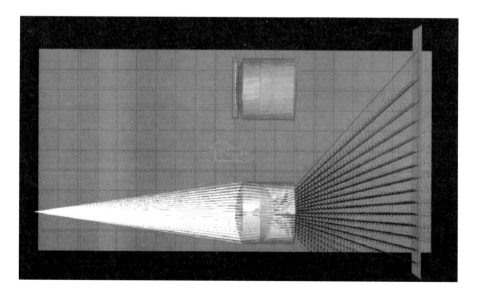

圖6　追跡未鍍膜雙膠合透鏡中的第八條路徑

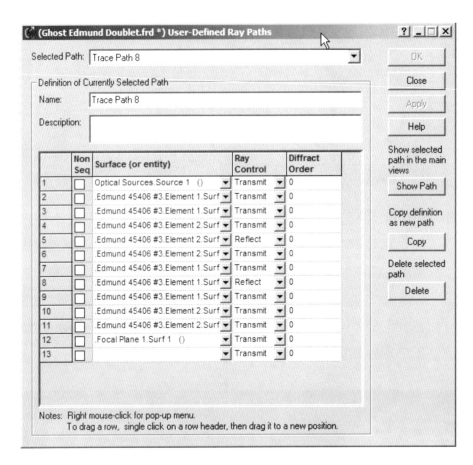

圖7　在圖6中呈現的光線路徑資訊

FRED怎樣顯示瀰散斑圖

　　FRED以光線顏色來顯示瀰散斑。在圖8中，我們可以很容易發現，鬼像的光線集中在未鍍膜信號周圍，並且以藍色表示，在右邊是鍍有膜的完善透鏡系統。

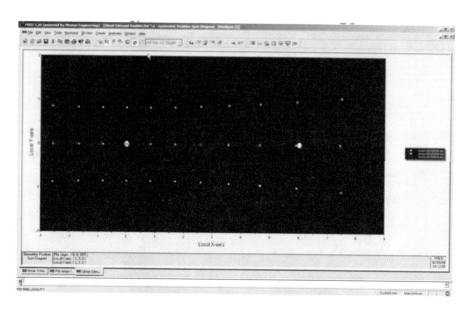

圖8　圖1中的雙膠合透鏡系統所成的瀰散斑圖

FRED怎樣呈現輻照度圖？

　　FRED 以四色的面板呈現輻照度圖。左上方是一個等大的偽彩色圖，它顯示的是在選中分析面上單元功率。右邊的刻度顯示的是這個圖中的功率等級。右上和左下的面板是左上面板的橫截面。點擊左上方圖中的任一處，一個橫截面將會出現在水準以及垂直兩個方向，在這個位置的座標和輻射將會顯示在這個左上方的面板的左下角。右下方的圖顯示在這個分析面上定義的各個圖元的數量和光線。如果用戶點擊右下方的圖，就可以看到每個探測器圖元的相對誤差。這是一個很好的方式，讓你知道是否已經追跡了足夠多的光線來為系統繪製有效的輻照度圖，這點對於照明系統來說尤其重要。兩個雙膠合透鏡系統的輻照圖在下圖9中顯示。

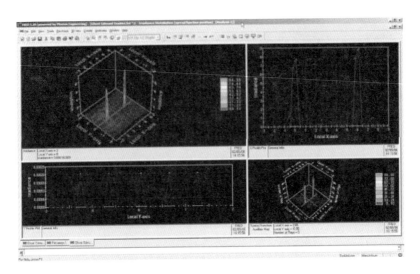

圖9　雙膠合透鏡系統的輻射圖

　　只看一個面板的時候，滑鼠左鍵雙擊介面。因為接下來的兩個圖是為左上的面板而製的。

　　如果立刻用滑鼠右鍵點擊左上面板，可以選擇刻度資料選項來獲得鬼像光線的具體資訊。在選擇了縮放資料選項，功能表也顯示了以後，選擇對數選項，點擊OK鍵查看圖10。如用右鍵再次點擊左上的面板並且選擇透視圖，將會取消選項並且會有一個2D 的圖像出現在圖11。

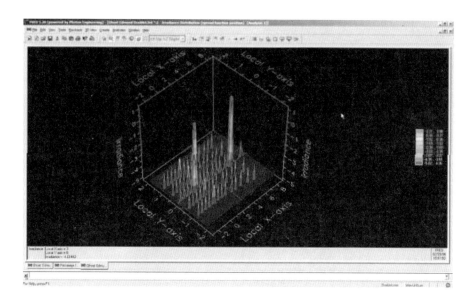

圖10　雙膠合透鏡系統的對數縮放輻照度圖

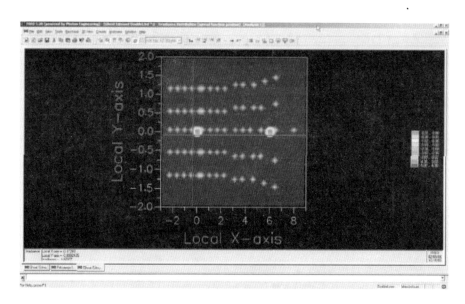

圖11　對數縮放輻照圖的2D畫面

FRED怎樣定義散射表面？

在「散射」檔夾中包括了默認和用戶自己輸入的散射模型，這些模型都可以應用於FRED的任何表面上。根據入射光角度以及局部曲面法線的方向，每個模型計算出合適的三維雙向散射分佈函數（BSDF）。BSDF的另一種定義方式是雙向反射分佈函數（BRDF）以及雙向透射分佈函數（BTDF）。

FRED自帶有三個默認的散射模型：黑朗伯（4%黑漫反射率），白朗伯（96%白漫反射率）以及Harvey-Shack（拋光面）。另外，以參量描述的散射模型在FRED中也是可用的：黑漆（熱成像系統），ABg，表面顆粒（Mie）和Phong.一個表面至少可以應用一種類型的散射模型。圖12顯示創建一個用戶自定義散射模型的對話方塊列表，解釋了FRED最新的散射定義，是一個支援腳本的BSDF 函數，用戶可以通過方程來定義的一種散射模型。允許或者停止反射和傳輸散射組分最近應用於表面的每個光線追蹤控制。每個散射表面必須有至少一個散射方向，通過運用功能表欄選項工具自動設置該方向，或採用散射重要性抽樣，或可以通過「Surface」對話方塊的「Scatter」欄手動定義。每個散射方向都可應用於設置在表面的每個散射模型。圖13顯示的是為表面設置多重重點採樣的對話方塊。通過把目標定義在特定方向上，比如鏡像或對著特定的實體，閉合曲線，空間中的一點或者橢圓柱體來實現多重重點採樣。

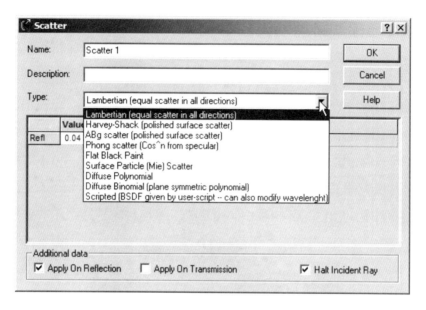

圖12　散射對話方塊顯示有多種方法來定義散射

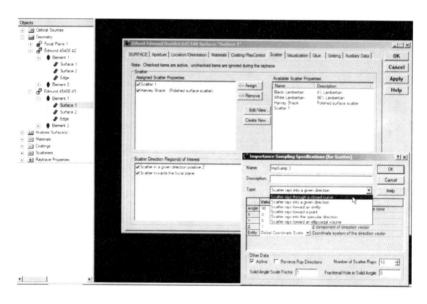

圖13　應用於一個特定表面上的重點採樣定義選項。如圖中所示，多重散
　　　射特性和多個重點採樣目標可以一起運用。注意該圖中，該面同時
　　　定義了MIE散射特性和Harvey Shack 拋光面散射，並且還定義兩個
　　　重點採樣目標，一個指向表面，一個朝向焦平面。

FRED怎樣追蹤散射光路？

完成一次高級的光線追蹤以後，只要選擇了保存光線歷史選項，FRED就會生成一份雜散光報告。這樣就有可能從工具功能表中得到一份詳細的雜散光光線報告，該報告將指出鬼像以及散射光路怎樣到達任何一個表面。圖14所示的高級光線追蹤對話方塊中，可以看到該對話方塊有設置／運用光線歷史檔案的選項並勾上了「確定光線路徑」的選項。圖15顯示的是一個簡單的卡塞格林望遠鏡系統的雜散光光線報告，該報告詳細說明了雜散光是怎樣以離軸5度的視場從光源射入的望遠鏡的。

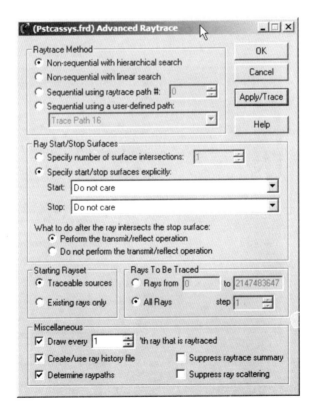

圖14 高級光線追蹤對話方塊，該對話方塊有創建/運用光線歷史檔案的選項和「確定光線路徑」的選項。

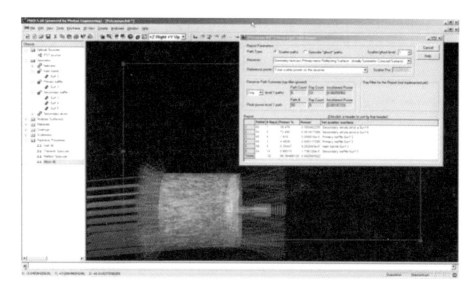

圖15　雜散光光線報告資料表可以用來追蹤任一級別的散射光以及鬼像光
　　　路,並且該報表項可以在指定接收面後,輸出到達該面的光路數,
　　　光線數功率百分率和各個光路的總功率。

FRED如何通過多點光源迭代來輸出對應的角功率點源傳輸曲線?

　　FRED有一個內置彙編BASIC腳本語言。幾乎所有的圖形介面命
令都可以用Visual Basic組合語言來表述。FRED也有「自動客戶服
務」功能,該功能可以被調用或者調用其他「自動啟動」程式,比
如Excel。基於此,我們就可以定義多個軸外光源,並且可以在FRED
BASIC腳本語言中,利用「NEXT」迴圈,依次在環繞系統作水準和
垂直兩個方向的掃描,從而得到點光源傳輸曲線。圖17中顯示了圖15
的卡塞格林望遠鏡系統對數點源傳輸曲線。注意到,圖17中顯示的
PST圖形是由圖16中的BASIC腳本調用EXCEL來完成繪製的。

Figure 16 – *FRED* Basic Script to create a Log PST plot in Excel

```
'PST script example showing changing incoming ray directions For analysis 'declarations
Dim op As T_OPERATION
Dim pRay As T_RAY
Dim PST As Double
Dim XlRows As Constant
Dim xlXYScatterLinesNoMarkers As Long

' Connect to Excel
' OBjects to be used
Dim excelApp As Object
Dim excelWB As Object
Dim excelRange As Object
Dim excelChart As Object

' Excel Object Setup
Set excelApp=CreateObject("Excel.Application")
Set excelWB=excelApp.Workbooks.Add
Set excelRange=excelWB.ActiveSheet.Cells(1,1)

' Show Excel
excelApp.Visible=True
htCount=1

'find source node, for the Cassys file this is the PST source, change as needed
node = FindName( "PST source" )
Print "found PST source at node " & node

'find detector node, for the Cassys file this is the detector array, change as needed
detNode = FindFullName( "Geometry.fastcass.dewar.FPA.detector array" )
Print "found detector at node " & detNode

'Print out column headers
i = GetTextCurCol : j = GetTextCurRow
SetTextPosition j, i+3 : Print "PST"

EnableTextPrinting( False )      ' No printing

'Specify the detector area for the system, for cassys is is rectangular .125 in radius
detArea = ( 2 * 0.125 )^2

'Loop to do the PST at every 2 degrees up to 80, change as needed
For angle = 0 To 80 Step 2

  SetSourceDirection node, 0, Tan( angle * .017453), 1
  Update
  DeleteRays                          'Delete rays for subsequent loops
  CreateSources         ' Make sources
  TraceExisting 'Draw       ' Trace (and optionally draw) the rays

  'PST calculation
  PST = GetSurfIncidentPower ( detNode )  ' Get Power On Detector
  PST = PST * Cos( angle * .017453)  / detArea  'Calculate PST
```

```
EnableTextPrinting( True )
Print "PST at " & angle & " degrees = ," ' Print out PST header to the output window
i = GetTextCurCol : j = GetTextCurRow    ' Get which row and column text cursor is on
SetTextPosition j, i+2 : Print "#" & PST ' Set the text position
EnableTextPrinting( False )
        htCount = htCount + 1

            " Print the data into the Active Worksheet
            ' Column Headers
            excelRange.Cells(1,1).Value="Angle"
            excelRange.Cells(1,2).Value="PST"

                    ' Data
            excelRange.Cells(htCount,1).Value=angle
            excelRange.Cells(htCount,2).Value="=IF(" & PST & "<>0,LOG(" & PST & ",10),-8)"

            ' Size the Columns to the Text
            excelWB.Worksheets("Sheet1").Columns("A:B").Autofit

Next angle

' Graph Macro
Set excelChart=excelWB.Charts.Add
excelChart.ChartType = 75 '4 is XlLine 75 is XlScatter
excelChart.HasTitle = True
excelChart.Name="PST Plot"
excelChart.ChartTitle.Text = "PST Plot"
'ActiveChart.ApplyCustomType ChartType:=xlBuiltIn, TypeName:="Logarithmic"
excelChart.SetSourceData(excelRange.Range("a2:b42"))
excelChart.PlotBy = 2 'Plots by columns if 2, 1 by rows
excelChart.Location  2,"Sheet1"

Set excelRange=Nothing
Set excelWB=Nothing
Set excelApp=Nothing

Print ">>> Calculation ends here!"
EnableTextPrinting( True )    ' Allow printing
```

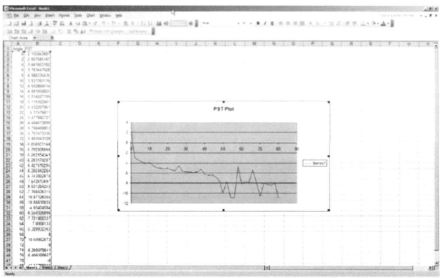

圖17　BASIC腳本輸出生成的Excel 圖表

FRED特色—生物醫學

　　從非侵入性的醫療程序，以及超靈敏的診斷儀器，光子器件在今天的生物醫藥產業中，發揮不可或缺的作用。過去的四分之一世紀裡，資深光學工程師借助先進的軟件工具與適時的設計，將這些新技術引進市場。然而Photon Engineering公司堅信其光學工程軟件產品FRED，可以幫助並加快創新的步伐，使生物醫學界的成員更能直接、充分地參與這一進步的過程。FRED結合人機界面（GUI），可任意建構幾何圖形，並可直接由此介面中獲得其物件外觀，並擁有可滿足此一精密設計需求的強大計算引擎能力。而最能表達呈現FRED與生物醫藥產業相關性的幾個熟悉但創新的應用範例：諸如前房視鏡、激光誘導螢光毛細管、以及人體皮膚模型，如圖1所示。

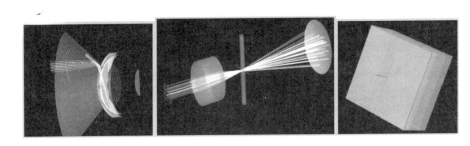

圖1　生物醫學範例

生醫光學元件　範例1：前房角鏡

　　在診斷和治療青光眼的過程中，能否監測虹膜和角膜角度是一個關鍵因素。要量測這個虹膜和角膜內表面的夾角，必須使用前房角鏡，通由眼睛的入口處，照亮這些表面，並且能高效率的收集返回的光線。

　　一個精確的人眼模型，是進行前房角鏡模擬運算中不可或缺的元件。以下圖2所顯示的是以FRED建構的人眼前庭部份的構造。此一特定的人眼模型，是根據Smith & Atchison以及Schwiergling所提出的人眼參考模型。此人眼模型的材料性質，則取材自Tuchin。而所有眼睛的主要元件，也都包含於此模型中，包括：角膜的前方和後方表面、虹膜、晶狀體和水漾液。數種完整的人眼模型可於FRED安裝後目錄的範例資料夾下獲得。

　　如果有需要對人眼模型的元件進行修改，一完整的多參數匯集的輸入對話視窗，能給予使用者有效的定義其特性，如圖3所示。

　　使用者可以直接在FRED人機化界面中存取曲率、孔徑、微調、定位、材質，散射，鍍膜與中心位置上視覺化的物件特性。

圖2　LED模型：人眼的前房部位

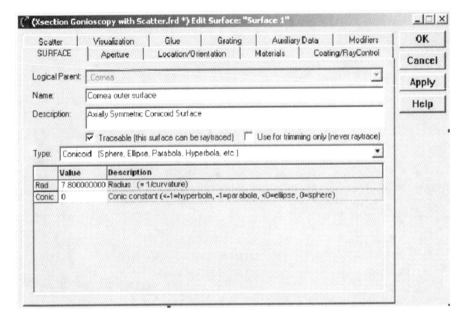

圖3　FRED的表面特性對話視窗

在人眼模型能被運用時，下一步將要建構前房角鏡頭的模擬。
FRED可以輕鬆的從CodeV、ZEMAX或OSLO匯入所設計的透鏡。在
FRED中經由一個簡單的操作，就可以將前房角鏡定位在眼角膜上。
FRED對於每個表面，都存在一個局部坐標系統。當加入任何一個物
件時，可以相對地定位於其他的物件。如圖4所示，前房角鏡頭被置
於相對於眼角膜的外表面。

在實作上，此前房角鏡是藉由一種表面間的指數匹配液耦合到角
膜上。FRED具有獨特的「膠黏」特性，可以很容易地插入這個指數匹
配層。接觸這些表面的操作非常簡單：進入前房角鏡後表面的編輯模
式，打開「Gule」的目錄選項，選擇角膜前表面作為「膠黏」面，最
後選擇要粘合的材料。其操作如圖5所示。圖6為完整的幾何模型。

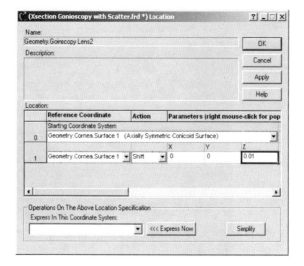

圖4　在任一座標系統定位一個物件

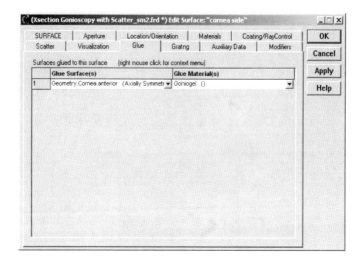

圖5　「膠粘」房角鏡到角膜上

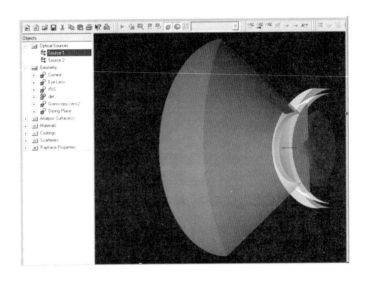

圖6 FRED系統內前房角鏡和人眼模型的剖面圖

　　幾何模型建構完成後，模擬程序準備的下一步驟是建構光源，照亮眼睛前房（在角膜和虹膜之間）。標準前房角鏡的程序指出，所需的最理想照明光源為狹縫光源。於圖7展示的為FRED光源設定對話視窗。Positions/Directions目錄選項可允許使用者設定所需的光線數、光源的尺寸和角度的特性。

　　為進行更深入的分析，使用者或許需要的光源為具有特殊的光頻譜資訊、切趾角度或位置。這些操作以及許多其他關於光源的定義，都可以在Source對話視窗的各種目錄選項找到。使用者可以選擇如圖8所顯示的標準CDF波長，或如同圖9所示的來數位化光源光譜曲線。注意這兩個實例，FRED可將不同的波長以顏色區別，而易於觀看。

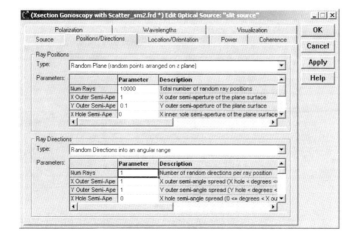

圖7　Source對話框的位置／方向目錄選項

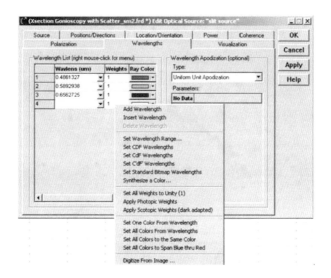

圖8　設定FRED中的光源頻譜

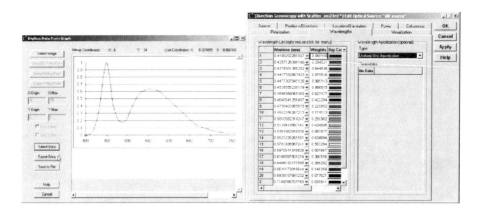

圖9　數位化包含頻譜資料的圖形創建一個FRED光源

　　增加光源所定義的切趾也是一簡單的操作流程。在FRED中光源對話視窗內的Power目錄選項中，提供了數種可預先定義切趾的選項，以供定製所需的光源輪廓。圖10為展示一高斯特殊切趾類型的laser diode（雷射二極體；激光二極管）或LED的典型範例：

　　在置入光源之後，開始去最佳化照明狀態後，一額外的顏色視學用於影像光線經過前房角鏡後能讓使用者易於觀看。FRED提供在七種熱門廠商資料庫中，數百種慣用的透鏡。此完整的光線追跡模型如圖11所示。

　　在此文中，光線的顏色並不是根據波長而訂定的。FRED具有當光線碰擊到表面時，能將4種不同的情形以顏色區別出來：反射、穿透、散射或繞射。如圖12，從角膜後方表面散射的光線可改為綠色，而從虹膜散射的光線為紅色。

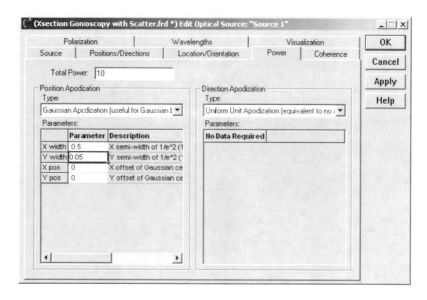

圖10　FRED光源高斯空間切址法

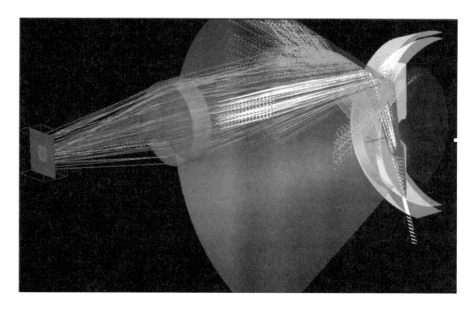

圖11　前房角鏡模型描光路徑圖。光線顏色代表特定的表面交集

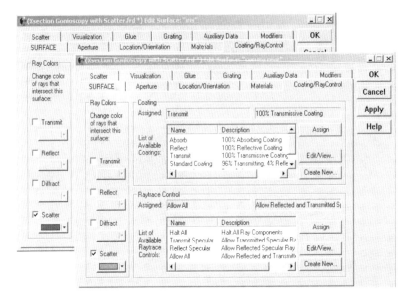

圖12　根據表面和交線的種類來設定顏色

　　作為FRED中一個分析的範例，如圖13為透鏡焦點的斑點圖，期
能展示光線在虹膜與角膜內的散射情形。上圖與下圖對照著如右所示
的平面與曲面的虹膜的差異。正如我們所期許的，在影像的擷取中我
們能觀看出下圖具有一較小或封閉的角度。

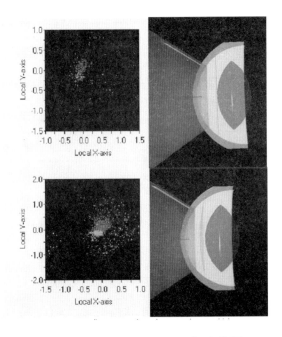

圖13　使用平面和曲面虹膜的點狀圖

1 *The Eye and Visual Optical Instruments*, G. Smith & D. Atchison, Cambridge University Press, 1997

2 *Visual Optics* Course Notes, Jim Schwiergling, Optical Sciences Center, University of Arizona, 2000.

3 *Tissue Optics; Light Scattering Methods and Instruments for Medical Diagnostics*, Valery Tuchin, SPIE Press, 2000.

生醫光學元件　範例2：雷射誘發螢光－毛細管電泳

毛細管電泳是一種功能強大的技術，常用於基因分析和蛋白質鑑定。將一準直雷射光束聚焦到一個玻璃毛細管柱，材料流動的情形在電壓的影響下被分析。當特定微料或混合物通過雷射光照亮的區域，它們將發出具特殊的光頻譜的螢光。範例闡述FRED由其散射資料庫如何實現螢光現象的特定特色。

在圖14中，一束準直光線組，代表一紫外線雷射光束，經由一個物鏡，聚焦在充滿液體玻璃毛細管上。圖右上方的鏡子是用來反射未使用的雷射光，經過重疊但略為不同的軌跡，反射回到原來的毛細管，藉以放大照亮的區域。這放大區域的光照體積用以增加被收集的螢光訊號。光學上以垂直於雷射照明光路的螢光收集為分析目的。

在圖15中，為微粒流經毛細管時經過雷射的照明光路的特寫。模擬中的關鍵成分將被FRED定義此微粒的螢光發光特性。此螢光發光的物理過程涉及波長轉換為較長波長的光線。在FRED本身在模擬螢

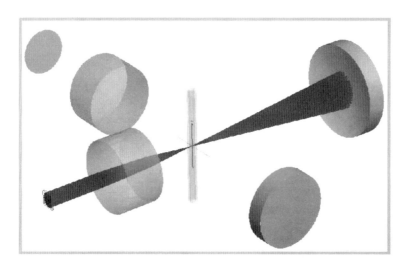

圖14　毛細管電泳系統光件配置圖

光的基本特色為將波長分配在個別的根據成分。當結合FRED散射模型特色的Script靈敏性，獲使實際上模擬的螢光光路變的顯著。接著可獲得一特殊的激發光頻譜，當重置一波長光源時，能以機率論所得的激發曲線去建立出Script的散射模型。

　　此範例的目的，微粒在此模擬中將被施以一廣泛使用的有機Rhodamine 6G的螢光特性。此R6G的激發頻譜如圖16所示。FRED本身的數位化轉換器能給予其相當良好圖形數據集的產生。此數據集將變成能在Scripted Scatter Model 中能被使用的一部分，所以這種螢光程式，對模擬時間不會有甚麼不良影響。

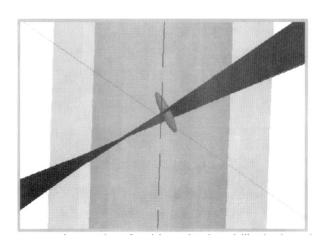

圖15　粒子通過照明區域的放大圖

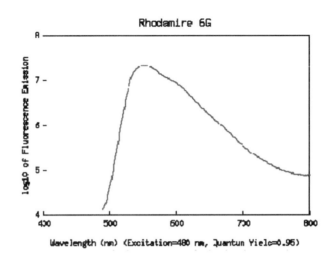

圖16　Rhodamine 6G染料發射光譜

　　在模擬中的重要成分包涵光追跡的散射效率。由於有近整個半球的資料在光追跡後將被浪費，所以將其顯示螢光發光的方向僅朝向收集的鏡子與透鏡的部份，以節省運算時間。在FRED中重點取樣的特色用以提供一精確的性能。其對話視窗如圖17所示，說明如何輕易的執行此特色功能。重點取樣可由Scatter目錄選項的Edit/View對話視窗中執行「螢光激發的微粒」，如圖17左。重點取樣的規格在其右詳述散射的生成「朝向一實體」，圖17右的清單則提供所有FRED的實體。

　　圖18是完整模擬的圖示。紫色代表照明路徑，而橙色代表螢光。雖然這裡都以近似的方式來表現光線的顏色，我們也可以使用FRED的Color Image特色，以RGB標準表示法來顯示光源以及螢光的顏色。

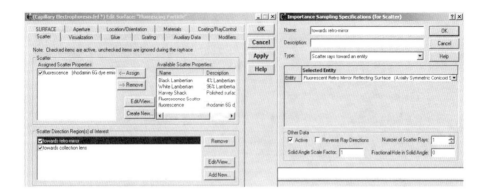

圖17　重要性取樣法：對於一實體之散射

圖18　毛細管電泳照明及螢光路徑模擬

圖表19顯示雷射光源（上圖），以及由收集器所收集螢光（下圖）的RGB和色度圖。

1 Graphic obtained from http://omlc.ogi.edu/

2 R. F. Kubin and A. N. Fletcher, "Fluorescence quantum yields of some rhodamine dyes.," *J. Luminescence,* 27, 455-462, 1982

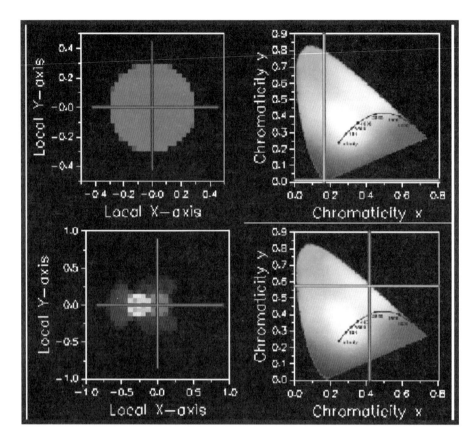

圖19　光源及螢光的彩色影像（RGB）表示法

生醫光學元件　範例3：人體皮膚模型

　　人體皮膚模型，在設計非侵入式診斷設備，如血氧飽和度計，以及在發展現代皮膚科儀器上，是極具價值的輔助設備。隨著6.20版本的發行，現在FRED提供Henyey - Greenstein體散射模型，是為生物醫學界所認可，作為人體組織散射代表的散射模型。有許多來源可以找到此模型的相關參數，即是說一個異性因子g和散射和吸收係數 μ s以

及 μa。在FRED中，這個體散射模型的應用，是經由圖20所顯示對話
視窗中材質的定義來執行。一旦定義了材質，他們可以用拖曳／施放
的方法。將其指定到不同幾何模型的界面。

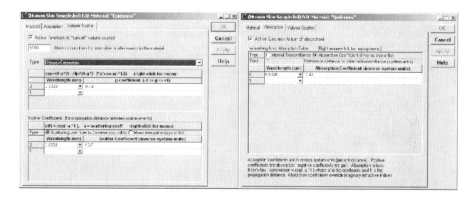

圖20　Henyey-Greenstein體散射模型之定義

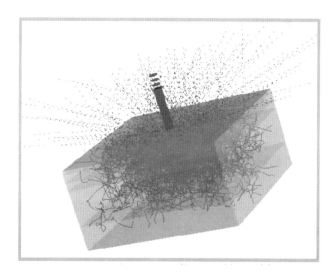

圖21　人體皮膚模型之樣本描光

FRED具有與生物醫學應用相關的特性

・面、體，以及使用者自訂的光源

・透鏡、鏡面，稜鏡以及材質資料庫

・面散射

・Henyey-Greenstein體散射模型

・螢光模擬

・多重非序列式描光

・分析工具

・視覺化圖像

如同這些生醫範例所顯現的，FRED具有關鍵性和動態視覺顯現的建模能力、分析和圖形顯示能力。如果你有任何問題關於FRED的建模能力、分析你的生醫光學系統，請直接以電話或電子郵件跟我們聯絡。

國家圖書館出版品預行編目資料

光學設計達人必修的九堂課=Design nine
compulsory lessons of the past master
in optics／黃忠偉等著.
--初版.--臺北市：五南, 2008.07
面；　公分
ISBN 978-957-11-5291-2 (平裝)
1.光學　2.設計套裝軟體
336.9029　　　　　　　　97011939

5DA6

光學設計達人必修的九堂課

作　　者 ─ 黃忠偉(209.3)　陳怡永(250.4)
　　　　　　楊才賢(314.5)　林宗彥(121.3)

發 行 人 ─ 楊榮川

總 編 輯 ─ 王翠華

主　　編 ─ 穆文娟

責任編輯 ─ 蔡曉雯

文字編輯 ─ 陳若冬

封面設計 ─ 杜柏宏

出 版 者 ─ 五南圖書出版股份有限公司

地　　址：106台北市大安區和平東路二段339號4樓

電　　話：(02)2705-5066　傳　　真：(02)2706-6100

網　　址：http://www.wunan.com.tw

電子郵件：wunan@wunan.com.tw

劃撥帳號：01068953

戶　　名：五南圖書出版股份有限公司

台中市駐區辦公室/台中市中區中山路6號

電　　話：(04)2223-0891　傳　　真：(04)2223-3549

高雄市駐區辦公室/高雄市新興區中山一路290號

電　　話：(07)2358-702　傳　　真：(07)2350-236

法律顧問　林勝安律師事務所　林勝安律師

出版日期　2008年 7 月初版一刷
　　　　　2013年10月初版二刷

定　　價　新臺幣650元